Filosofía autodidacta.

Sobre cómo aprender a pensar.

Esteban Higueras Galán
Revista Microfilosofía.

EDICIÓN ENERO DE 2025.
Esta edición se ha realizado en formato digital (.pdf, .epub y .mobi) y en tapa blanda para su venta en Microfilosofia.com y en Amazon.

Copyright 2025 Esteban Higueras Galán Todos los derechos reservados.

ISBN/ASIN: B09J1N211S

Índice

PRÓLOGO.   11

1 - EL AFORISMO O LA SUERTE DE DESEAR LO QUE NO SE SABE.   18

1.0 – LUCHA INTERIOR DEL FILÓSOFO QUE NO SABE.   19

1.1 – EL POETA FILÓSOFO CONTRA EL QUEJICA, UNA VISIÓN DE FUTURO   22

1.2 – EL FILÓSOFO QUE HACE POESÍA.   24

1.3 – PORQUE NO SOMOS PLANTAS.   26

1.4 – ¿HACER O PARECER?   28

1.5 – LA AFECCIÓN Y LA IMPRESIÓN PARA UNA POÉTICA FILOSÓFICA.   30

1.6 – LA FILOSOFÍA QUE ALDO CREÍA QUERER.   34

1.7 – ¿EN QUIÉN PUEDO CONFIAR?   37

1.8 – LAS EMOCIONES COMO SI FUERAN NEUTRAS TODAS, EN UNA RAZÓN ILÓGICA.   38

1.9 – EL AFECTO DE LA CULTURA Y EL INICIO DE LA DESOBEDIENCIA EMOCIONAL.   40

1.10 – YO SÍ CREO EN DIOS, PERO NO TENGO FE. 42

1.11 – SOBRE LOS RASGOS TÍPICOS DE UN JOVEN PROTOFILÓSOFO. 43

1.12 – FORMAS DE CONCEPTO Y CONSTRUCTO. 47

1.13 – LA EXISTENCIA Y LA PERMANENCIA. 49

1.14 – SE APRENDE A LEER BUSCANDO CON INTENCIÓN. 51

1.15 – PARA QUÉ SIRVE UN PEQUEÑO TEXTO FILOSÓFICO. 53

1.16 – ¿QUÉ PUEDE EXISTIR?, Y ¿QUÉ PUEDO CONOCER? 54

1.17 – ARTE DE VIVIR FILOSOFÍA EN LA LECTURA Y ESCRITURA. 56

1.18 – UNIONES DE SIGNIFICADOS EN MAPAS DESIERTOS. 58

1.19 – LA REFLEXIÓN SOBRE LAS VARIACIONES DE SIGNIFICADOS SEMÁNTICOS QUE OCURREN EN MAPAS SEMI-DESIERTOS. 60

1.20 – DE UN PROCESO TRASCENDENTE O UNO INMANENTE. 62

1.21 – ¿ESTÁ EL ESPÍRITU RETRASADO RESPECTO A LA NATURALEZA? 64

2 - EMPEZAR A CRITICARSE SIN LA CLASIFICACIÓN

DE LAS COSAS. 67

2.0 – QUÉ PUEDO HACER CON LO SUBJETIVO. 68

2.1 – EL ODIO AL HOMBRE POR CONTENER LA IDEA. 70

2.2 – EL DESEO EN TIEMPOS DE FUGACIDAD. 72

2.3 – LOS CONCEPTOS NOS RODEAN Y CASI TODOS VENDEN ALGO, PERO, ¿SON ALGO MÁS QUE PUBLICIDAD? 74

2.4 – MARKETING Y PUBLICIDAD CONTRA FILOSOFÍA. 76

2.5 – RUTINA, PALABRAS TOSCAS Y DEMÁS REPETICIONES INÚTILES. 78

2.6 – 10 SUGERENCIAS "ALDONIANAS" PARA HACER CRÍTICA DE SU FILOSOFÍA. 82

2.7 – NI LA GUERRA DE LAS IDEAS EN LA CULTURA, NI A LA CULTURA DE UNAS IDEAS. 84

2.8 – A VECES DECIR MENTIRAS ES UNA POSIBILIDAD SI NO SE BUSCAN "GRANDES VERDADES" 87

2.9 – QUÉ ES UN CRIMINAL. 89

2.10 – FILOSOFÍA DE GUERRILLAS. 91

2.11 – UN VISTAZO A LA TEORÍA DEL CAOS PENSANDO GOTAS DE AGUA. 94

2.12 – DE UNA ESTEREOTIPIA DE LA GOTA HACIA UNA CIENCIA PSICOLÓGICA. 96

3 - CÓMO SABER QUE HE APRENDIDO DE LO QUE NO SABÍA DEFINIR. 99

3.0 – ¿QUÉ ES LO QUE HA MUERTO, SI ES QUE HA MUERTO ALGO? 100

3.1 – ¿QUÉ ES UN ACTO CRÍTICO EN EL DEVENIR DE LA INDIVIDUALIDAD?, O ¿CÓMO ME INFLUYE LO QUE HAGO? 102

3.2 – LA FINITUD DE LA LÓGICA ENUNCIABLE. 104

3.3 – LOS PLACERES EN LAS PALABRAS CONCEPTUADAS Y LAS TRISTEZAS EN LAS PALABRAS ABSTRACTAS. 107

3.4 – MENOS PASIÓN, MENOS AFECCIÓN Y MÁS LO SABIDO, ES DECIR, MÁS AMISTAD. 110

3.5 – EL AVANCE DEL DESEO COMO SIGNO DE APRENDIZAJE FILOSÓFICO. 112

3.6 – APRENDER A APRENDER EXPLICADO. 114

3.7 – AUTOADMINISTRARTE LAS ESTRATEGIAS DE APRENDIZAJE MÁS APROPIADAS. 117

3.8 – DEL SABER DE LA EMOCIÓN AL DE LA AFECCIÓN EN LO VIRTUAL. 120

3.9 – EL ESTILO DE NIETZSCHE Y SPINOZA EN FILOSOFÍA. 123

3.10 – COMPARACIÓN CONCEPTUAL DE LA FILOSOFÍA DE NIETZSCHE Y SPINOZA.   125

3.11 – ABARCANDO CIMAS O SOBRE NIETZSCHE Y SPINOZA.   130

4 - DEMOSTRANDO LO QUE PUEDO SABER, LO QUE QUIERO, Y LO QUE NO PUEDO DEJAR DE INTENTAR SABER.   132

4.0 – VISIBILIDADES DE ENUNCIADOS Y CONSTRUCCIONES VISIBLES.   133

4.1 – UNIÓN DE ENUNCIADOS EN TRES CONSTRUCCIONES.   136

4.2 – LO QUE SOY, CUANDO SOY EN LA NEGACIÓN SOLO UN GRADO DE LA DIFERENCIA.   139

4.3 – LO QUE QUIERO.   142

4.4 – DEMOSTRANDO LO QUE NO PUEDO DEJAR DE INTENTAR.   149

4.5 – DE LA DEMOSTRACIÓN DE QUE NO TODO EXISTE, Y DE QUE ALGUNAS COSAS SÍ QUE EXISTEN.   152

4.6 – DE LO QUE CONCLUYÓ EL AUTODIDACTA SOBRE LO QUE PUEDE APRENDER, EXISTIR Y SER. 157

5 – PREFACIO PARA LA LECTURA SERIA   159

/ FILOSOFÍA AUTODIDACTA

PRÓLOGO.

Las herramientas del filósofo son palabras y sus productos conceptos, si se acepta lo dicho, se podría pensar que al leer las palabras del filósofo únicamente estamos siendo invitados a manosear sus utensilios de trabajo, y que, solo cuando nos alejamos de ellas físicamente, es decir, cuando cerramos el libro y abandonamos la lectura, nos encontramos con el producto recién "comprado", el concepto del tal filósofo.

Pero como pasa muy a menudo que el producto del tal filósofo, adquirido tras el esfuerzo de investigar todas esas herramientas ya pertenece al lector más que al filósofo, y esto es quizá, lo más claro que tiene un lector de filosofía, me decidí a pensar que tanto las palabras como los conceptos serían las mercancías de los filósofos. Que ambos serían productos y que, además, las palabras serían las herramientas. Y así, será la frase "X" de aquel filósofo que se corresponde con el concepto "Y", es decir, será producto el lenguaje mismo y sus herramientas, las palabras que componen dicho lenguaje.

Me propuse en aquella época diferenciar entre el significado del lenguaje y la forma del lenguaje, y de esta suerte caí - varios años después, en que el significado del lenguaje es lo que expresa este de las cosas que referimos, para lo cual utiliza muchas palabras, y que estas hay que aprenderlas, y que, la forma del lenguaje se refiere al orden que toman las palabras respecto a las experiencias, y en suma, que la forma del lenguaje no puede aprenderse, quiero decir, que no es objetiva.

La filosofía produce una forma del lenguaje que actúa siempre en una consciencia individual, en un lector, mediante un producto que es el concepto, que es solo idea y que nace de una experiencia abstracta - no de una experiencia sensorial, que es una que no comprende muy bien, y que le hace dudar con toda su curiosidad.

Solo a través de las formas del lenguaje siente el filósofo que queda atrapado por las ideas, pero el texto no es nunca significante, el significado del texto no es claro, ni debe serlo, pues en el texto filosófico no puede aprenderse un saber estático.

Como voy escribiendo, un producto filosófico es una construcción del lenguaje enteramente inmaterial que busca hacerse idea. Un tiempo atrás no sabía si esta extrema idealidad sería producto, y si fuera producto no sabría si del filósofo que así lo dejó escrito o si era mi producto, por ser yo quien las leía e interpretaba. Ni de si las palabras que la formaban serían productos, además de herramientas, en este caso, me quedó claro que el producto material del filósofo es el texto, y que al igual que el científico, o el poeta, comparte forma de presentación. Pero que mientras que el científico debe demostrar, y el poeta admirar, el filósofo debe demostrarse su admiración.

Parece que voy afilando las herramientas que este libro trae directamente en el prólogo. Y es que con esta inocencia que alargo aún, no me doy cuenta de que un libro de filosofía hace, ya que no necesita prefacio ni conclusión, y que en los libros que si lo llevan por obligación formal, este no es más que un adorno, pues a la mayor, son la conclusión y la declaración de intenciones la misma cosa. Y no es menos válido que la conclusión real de un ensayo solo se comunica con el lector tras aprehender los conceptos este, y también, que su intención solo es adueñante si se la encuentra vacía de conceptos. Por esto reconocí, hace poco, que hoy no tiene sentido, más allá de empezar por un sitio este libro, declarar la pregunta sobre nuestra atmósfera presente, sobre la que versa este libro:

Vivimos un tiempo de democracia débil, basculando hacia la demagogia, donde es más fácil convencer por la mentira y lo absurdo que hacerse comprender. La televisión ha llegado a todos los extremos de nuestros sentidos y nuestros estímulos naturales ya parecen moscas pegadas en el retrovisor. Al mismo tiempo los individuos se comunican con herramientas potentes y rápidas, nunca antes fue posible una comunicación transversal de tanta utilidad, internet hace posible preguntar en persona al mayor profesional que conozcas qué piensa sobre el tema que más deseas conocer, y sin duda, el profesional puede dar una respuesta en segundos, en redes sociales, en blogs, en espacios virtuales informativos que van actualizándose, por correo electrónico, mensajería instantánea o en las aplicaciones móviles.

Nuestro mundo consigue que los individuos se expresen más a menudo, y esto es una incitación a crear un enunciado, a la discusión dialéctica y a comprenderse mutuamente. La nueva tecnología potencia todo lo posible hoy, y es de suponer que nuestra organización sociopolítica futura supere las posibilidades de cualquier otra organización anterior.

En el plano material, el intercambio de bienes se ha convertido en una comunicación técnica, no es necesario concepto para obtener beneficio, y sobre todas las cosas, no rozarse con afecto alguno es principal para la supervivencia del emprendedor. El empirismo más actual se denomina Big data y es la razón más útil en los mercados financieros, en las búsquedas de Google y en las industrias de la información. La capacidad de amontonarse del capital sigue estando muy presente en la distribución material global, pero no bajo la poderosa influencia del capital amontonado, sino bajo la técnica a-conceptual del análisis informático de múltiples estímulos. Hace ya tiempo que los inversores conceptuales dejaron de tener beneficios en las plazas bursátiles, y son ahora inversores automáticos quienes responden a estímulos aún en fase pre conceptual, actuando en el aquí y ahora más intenso y rápido de la historia.

En el plano académico y en el de los residuos culturales, la filosofía es esa disciplina donde parecen los filósofos ex-dominantes reprimidos, los filósofos son los sabios de hortalizas, que ya no sirve lo que dicen, o saben cosas inservibles, y si no la demandan los individuos. ¿Por qué?,

¿qué cosa enseñan que no se hace desear?, ¿y aún existe?, ¿será que la comunicación de las ideas se produce sin la figura del filósofo académico?, son seudónimos de ficción filosofantes en Twitter, en Facebook, los hay personajes de cómic satíricos que emiten enunciaciones de comparaciones afectivo- conceptuales, micro-diferenciaciones mitológicas, micro-mitologías que muestran sus potencias y afectan durante unos segundos.

Las fuerzas de la demanda o escasez de ideas compiten con las fuerzas instintivas de la demanda o escasez de afección. Y entre la afección y el concepto, la profesionalidad del filósofo no se demanda. Cosa tan rara esta no comunicación, que parecen afecciones las que inundan a los lectores tanto como conceptos desfasados a los filósofos, que se dice de un filósofo que no vive en este mundo, y del que lo demanda que no sabrá definir sus tristezas de entre las tan distintas y fugaces emociones que las componen, y que siendo así, no valdrá tanto orden al que lee, ni saber al que escribe.

No es raro, pues, como voy diciendo, que hoy sea posible definir la relación comunicativa como incapaz más de lo que un autodidacta corriente puede apetecer, somos conscientes de la influencia de un lenguaje diferenciado y amplio dentro de sí, de idiomas "Pangea" que van absorbiendo a más individuos para comunicarse, y que a su vez crean lenguajes diferenciales dentro del mismo vocabulario, en un lenguaje tan múltiple y concreto que sus enunciaciones y conceptos le hacen expresar diferencias entre hablantes. La comunicación normalmente es muy confusa, poco clara aún en la expresión correcta (como esos dos vecinos con conceptos distintos asociados a enunciados coincidentes, o con enunciados distintos que responden a concepciones no tan diferentes, que no saben a ciencia cierta el uno del otro sus razones por palabra dicha) lo que hace que, no ya a Hegel lo imaginemos con barba y a Marx afeitado y lampiño (como expresaba Deleuze en 1968) sino que ambos tienen la cabeza del revés, descansando ya ojos y cejas en la barbilla, gesto que se nos hace imposible, tanto más expresarlos o entenderlos.

La filosofía ya no sirve para entrenar líderes, ni sirve a los especialistas, si no es para cambiar a no- especialista – lo que es absurdo, hoy la filosofía académica debe de aprehenderla el individuo - si estima este que sirva para algo, y el individuo aislado ni sabe, ni desea, ni quiérela los más de los casos. Las personas no la demandan para saciarse, no la trabajan, ni tienen hambre de comprender, se contentan con enunciaciones anárquicas declaradas por personajes ficticios y anónimos. ¿Cómo devolver el afecto a los estímulos naturales?, ¿cómo volver a afectarnos de nuestra naturaleza?, ¿Cómo incitar a las micro-concepciones de nuestro tiempo a encontrarse unas con otras?

El conflicto presente existe y no se dice, no se habla, pasa como en las historias no escritas que quedan esperando, las relaciones entre los signos ya no se tocan en sus afectos y las afecciones imaginan causas de una ficción anárquica, mientras el individuo vive su realidad mitológica sin mapa y es incapaz de definirse.

Ante este dilema, un pensador principiante, un filósofo autodidacta, cualquiera anhelará hablar en común sobre nuestro tiempo, deseará saciarse en la historia de su experiencia con las ideas de los grandes pensadores.

Creo que es necesario incitar a las personas para aprender filosofía de forma autodidacta, para que se expresen formando las ideas de los filósofos, y que la historia del ensayo sea la de nuestro pensamiento en su diversidad y concreción.

Múltiples, concretos y desordenados fui pensando a los filósofos que, desde una temprana adolescencia encontré por bibliotecas y archivos, y de ellos, con suficiente interés y curiosidad aún guardo dos personalidades, Jay, el muchacho que nació de un vientre de barro, que fue criado por una cabra e hizo digno y valiente al saber, y Don Quijote, ingenioso caballero de la meseta hispana que hizo de la curiosidad una espada afilada. De la experiencia de su lectura, que fue como voy diciendo fue prematura y autodidacta, aprendí a aprender de un libro a través de la historia que cuenta.

Pues a las personas interesadas por aprender filosofía de forma autodidacta, a no ser que tengan bastas lecturas a las espaldas les será muy difícil aprender de un libro de filosofía "puro", donde la información se presenta descompuesta y reordenada artificialmente en la forma de entes, conceptos o ideas.

En cambio, este libro pretende ser novela literaria de la filosofía, y, la filosofía que contiene solo se da en cuanto ficción y experiencia sacada de ella. He pretendido mientras escribía que "el ser" de las cosas necesarias para conocer (-las) se forme como en la experiencia misma de vivirlas, y que sean subjetivas de cada lector en cuanto las lee, es decir, he pretendido que pueda leerse por el filósofo autodidacta aprendiz, y que sea valiosa para el filósofo experimentado.

Pues, si bien toda novela verdadera es un libro de filosofía, desde la más distinguida del ingenioso Don Quijote, que ya dice su ingenioso autor, esto mismo en el prólogo aquel, también todo lector de novela se puede transformar en filósofo. Es el lector quien acompaña al libro en la historia de las afecciones, y pasa con este igual que con el filósofo académico cuando escribe, solo que este lee mientras trata de definir qué será el "ser" de esta cosa, que sí del concepto de esta otra, y, cuál será su relación con el resto de nuestra realidad, de la consciencia de la idea o de la materia, que del paso de la historia quedó en ella.

Todos estos pensamientos son los que irremediablemente se dan en cualquier lector ante una verdadera novela, ya se trate de ficción como de la propia vida, y en cuanto que esta tiende a la realidad misma. Aún más, no es menos cierto que esta lectura filosófica que he ido a llamar "verdadera" se da en pocas ocasiones y por pocos lectores, y que no es posible hacerla en cualquier novela, pero esta breve posibilidad se agranda fácilmente si se dota a la novela de un espíritu filosófico que consista en la más básica de las reproducciones de la especulación filosófica.

Esta será, pues, una novela maldita, porque no será novela si el lector no se convierte en filósofo, y será a su vez un ensayo castrado, porque no tendrá conclusión si no es a través de las sucesivas decisiones del mismo lector.

Venga aquí el mayor "espóiler" que se haya hecho un escritor, que es que todo este libro ya estaba escrito, sin forma, en micro-ensayos de un aprendiz de filósofo autodidacta que fui desde que empecé a escribir con más miedos que años, angustias que pesares y ganas que dientes, es decir, que este libro que ahora hay, antes eran pequeños ensayos reales, realizados por mí mismo cuando no sabía casi nada de filosofía, cuando era, pues, un aprendiz de filósofo y autodidacta.

Y cómo lo que iba leyendo me parecía todo confuso y enrarecido, y criticable por curioso y bondadoso con quien yo era antes, decidí criticarme. Y a ese "yo" pasado le fui a llamar Aldo, por parecerme que era otro.

Por tanto, caro lector, no muestro referencias, pues se trata de un aprendizaje que empieza basándose en la impresión más básica, y para el estudioso, sepa este que si de un libro se hace referir en esta historia será dicho dentro de ella, y que por mucho que se intente definir el concepto será mejor la vivencia misma, aunque ficción, pues llegarás seguro al concepto adecuado.

Y con esto queda avisado el lector, prefiera este la lectura curiosa, ríase la gente, prefiera la lectura discreta y no reirá. Pero como me gustan bien los lectores queriendo la risa como no, y no es de más que el lector decida ya algo, adelanta al fin del libro que hay un prefacio para la lectura seria, y si no ríe el pensador cuando atardece, ande de frente.

1 - EL AFORISMO O LA SUERTE DE DESEAR LO QUE NO SE SABE.

1.0 – LUCHA INTERIOR DEL FILÓSOFO QUE NO SABE.

Y se dio el día en que este muchacho que yo era, de no aguantarse más ni poder hacer otra cosa, se decidió a escribir lo que le pasaba, que eran muchas cosas, pero lo que escribía era poco.
No tenía palabras que escribir ni que utilizar, así que como de no saber era de lo que más conocía, escribía de eso, y lo primero que salió de su mano fue esta poesía:

Un demonio color carne

Un mercurio vivo palpitante. Un muñeco descosido

Y el aprendiz contiene, previene.

Muñeco travieso, difícil, mofoso. Pretende al aprendiz mocoso

Y el aprendiz dudoso, tembloroso

¡Qué carta! ¡Qué cuesta! ¡Qué símbolo! ¡Qué momento! Tira de la duda

¡Duda y siente, y hazme caso! Y tira bien y no.

Como se ve solo tenía un interés, aprender de las palabras, aprender algo que me cambiase, entonces pensé en la filosofía.

Creía que poseer un interés por aprender filosofía era principalmente realizar una declaración de intenciones que consiste en dudar y en buscar claridad sobre lo que se duda.

Primero es necesario -me iba diciendo- que el interesado acepte que tiene una necesidad de saber y que esto es ya algo diferente a ignorar, porque ignorar consiste en no creer nada tanto como en poder aceptar cualquier creencia sin conflicto, pero dudar es lo contrario, dudar consiste en aceptar la existencia de distintas creencias y no poder aceptar una y rechazar la otra.

Este aceptar parece consistir en el más simple y mejor de los sentidos, en la capacidad innata de captar las opiniones, o, a lo sumo, de las emociones, y al mismo tiempo dudar de la veracidad de estas.

De todo se duda menos de la emoción, ya que verás, antiguo escritor que yo era, que la emoción es animal, puro presente, absoluto presente, y a lo sumo es percibida como un fruto del cuerpo humano y del lenguaje.

Es decir, que una emoción consiste en la consecuencia de la repetición del recuerdo, que suele, en el desarrollo normal de la naturaleza del hombre, formar un tipo de creencias emocionales de forma innata, y que como aquellas creencias en múltiples dioses de la época clásica, las más de las veces, inundan en un misterioso pasado al no pensador.

"Todo está lleno de Dioses" decía Tales para referirse a esta emoción que embriaga al protofilósofo, pues un individuo que no duda de la existencia natural de las emociones, pero duda de forma recurrente de sus productos, de lo que no puede dudar es del conflicto social que acarrea —¡qué está en el mundo!— pero no acepta cualquier creencia, y además, no sabe cómo desenredar estas creencias, o a lo sumo, las intensidades emotivas que capta de estas.

Por esto, para entender al filósofo aún en estas etapas de sola emoción, de poco saber y de muchos interrogantes, y como se va diciendo, de estado dudoso, partamos entonces del hecho de que lo que es este filósofo ahora es casi nada, pues esta futurible capacidad consiste ahora en un estado inestable de creencias.

Es en este modo, en el de la una y "sabia ignorancia" que se trata definitivamente de la necesidad de aprender cuando realmente no se sabe, y esto significa que no sabe "que", ni sabe "por qué", pero que de esta duda, surge esta necesidad.

Por lo anterior, no es de extrañar la multitud de aforismos que produce un aprendiz a cada cosa que piensa, cuando crea una regla, una proposición, la acoge como doctrina y enjuicia con ella lo que toca con su imaginación, y pasa que por breve, en los sucesivos pensamientos es otra sentencia la que derrota a la primera, cosa que en la mayoría de las ocasiones, si no es escrita, no se afianza.

Digo esto porque lo que los pensadores sin saberes hacen en mayor proporción, más que pensar es olvidar, por ser tan necesario para esta estrecha supervivencia, tener presentes las posiciones de los argumentos, las razones y de las opiniones que se tienen para que la nueva sentencia, el nuevo aforismo, toque con ellas.

De este larguirucho entramado de sentencias y brevedades se ha de dar cuenta que, por fino y poco grueso, el pensamiento que forma este protofilósofo no dura el mínimo movimiento. Y esto se ve en las frases de filósofos utilizadas por las gentes que no son filósofos, como esa de: "Lo que no te mata te hace más fuerte", que en realidad no decía así.

La frase original fue escrita por Friedrich Nietzsche y decía: "Lo que no te mata te hiere de gravedad y te deja tan apaleado, que luego aceptas cualquier maltrato y te dices a ti mismo que eso te fortalece". Parece que esta frase se hace más corta en la imaginación de las personas que no buscan filosofía, quitándole así algo de su significado.

1.1 – EL POETA FILÓSOFO CONTRA EL QUEJICA, UNA VISIÓN DE FUTURO

Ante este estado inestable de creencias, lo más que se puede prever es que el filósofo en ciernes necesita situarse en el mundo, no necesita por ahora conocer las ideas de la filosofía desde tiempos remotos, necesita urgentemente poesía.

Hacer poesía, no leerla, no comprenderla, necesita hacer que su lenguaje exprese su emoción. Necesita que su emoción reaccione ante las opiniones, necesita pues, la "cosa" antes que la palabra, necesita el concepto sin nombre, y ser capaz de desear lo que no sabe.

El protofilósofo para transformarse en poeta necesita leer al «buen» poeta, es decir, necesita estar en contacto con personas que comprendan sus emociones, de esas que lo miran a los ojos sin cerrar ni falsar su mirada, que sea pícaro y se atreva a hablar de sus miedos más grandes, sin que él sienta necesidad alguna de defensa.

Ahora sé que se trata de uno de esos que han llevado por nombre Cervantes y Shakespeare, o Hesse y Deleuze, o Nietzsche y Unamuno. Todos ellos fueron buenos poetas porque dominaban las afecciones, que son a fin de cuentas la suma de emociones ligadas a las imágenes de las cosas en la consciencia, y que solo tras el conocimiento de lo que son, solemos llamarlos sentimientos y afectos.

Pero cuidado, que también encontré otros poetas, y es que hay poetas y poetas. Los hay vendedores de versos repetitivos, que encadenados a su gran afecto son anunciadores de las mismas pasiones. En estos sus escritos merman el ánimo y ninguna potencia crece, algo trágico queda en el verso que no permite la enunciación por el pequeño hombre.

Entonces se hacen al despiste —a la hora de llamar las cosas por su nombre, este poeta nombra y se congoja cuando roza el carácter de algún sentido, y no avanza más en la enunciación, se puede decir que su arte depende de la pasión que los gobierna, lo que es tan poco filosófico, donde se encuentran tan pocos conceptos. Donde solo puede leerse el pequeño conflicto que arrastran desde su infancia y que los aterra a ellos y avergüenza al lector. Porque, ya se verá que la "filosofía poética" toca a la idea en su nacer, y la "poesía pasional" es en sí misma un morir.

De los filósofos como el que fui, que por no saber, por no tener experiencia, solo pueden valerse de la poesía, diré que esta les sirve como batidora de las emociones que encuentran en su día. Y que el lenguaje les sirve para arrastrar a sus entrañas al querer, para mezclarlas con quien lee con virtuosismos de la pasión.

Y esto les pasa porque no encuentran idea en el vocabulario para expresar las emociones en una palabra que se haga entender, y es este su entreno y gusto por vivir.

Estos poetas que buscan la verdad consciente deben armarse de una fuerte voluntad, rígida, solvente y auténtica voluntad, nunca exenta de dudar, aún más, principalmente compuesta por el hecho de dudar.

Siendo esta la aventura del poeta filósofo, nos podemos ya asombrar de la dificultad que entraña este viaje, de las penas, de los tormentos que forman la necesidad que aquí se menciona y del largo viaje que irremediablemente le obliga a partir de inmediato.

1.2 – EL FILÓSOFO QUE HACE POESÍA.

Este filósofo autodidacta, sin contexto ni saber, es solo un buscador constante de una mirada que se le clave en el pecho, suele ser un buscador con pocos amigos y muchos enemigos que quiere mezclarse con las palabras del hablante como si fueran suyas.

Busca la claridad entre muchas dudas, a veces se siente hecho de creencias flotadas, de rasgos, deseos y rupturas enfrentadas entre palabras extrañas.

¡Qué la vida vista en otros es propia y ajena!, penetrante para otro y para mí -suele gritar para sí sin comprenderse demasiado.

Y es que el ojo del poeta es distinto al ojo del sabio, el del poeta no conoce, pero da cuenta de lo que hay escondido, ya sea por la distancia entre palabras, de las emociones de un personaje y de las imágenes que recrea en el lector. Para los buscadores de la verdad, que están siempre entre dudas, el poeta ilumina alegremente lo que es posible percibir; en cambio, para los alegres creyentes, por confiados y claros en su creer, la poesía siempre es una mirada que transforma sus sentimientos.

La poesía penetra irremediablemente en tus deseos, te habla, te pregunta, te hace sentir acompañado de estar contigo mismo a través de un texto, y gracias a él.

Gracias a él, que las más de las veces mi pecho se llenaba de arrogancia, y me conformaba con unas pocas letras prestadas.

No es un ningún milagro que muchas personas te tienten con miedo si estás empezando, pues la frialdad de la duda da miedo, y pensar da miedo cuando no se piensa. Y no querrán acompañarte en tus desventuras filosóficas.

Tampoco esperes alcanzar comodidad y riqueza, pues de tus penosas elucubraciones no traerás ninguna idea de provecho, y si lo haces tan solo te leerán 5 excelentes personas que no te pagarán por mil.

No es este mundo para pensadores, para poetas filósofos, ni para pensar crudamente como se ha dicho, y siendo así el reconocimiento ajeno deberá más juzgarse como crítica ajena, así como por los intentos de cambiarte y de encajarte en ciertas creencias, de esas que se sabe que piensan las gentes de allí donde vivas.

Y por lo demás fíate de que las mejores ideas se te ocurran escribiendo, como suele pasar a las gentes que dudan hasta de sí mismas y se piensan de verdad cuando están solas.

1.3 – PORQUE NO SOMOS PLANTAS.

Y de aquí, como lo que había escrito hasta ahora, le llevaba a pensar que era único, que era listo, y en fin, que "era algo". Pero que de esta supuesta capacidad no podría decir que fuese más listo que otro, o más capaz. De aquí pensó: ¿qué será lo que me diferencia de un vegetal?

Y ya sabes lector que tú, como el poeta, puedes tener bien claro que no eres una planta.

Pero Aldo, que entonces no sabía quién era, una vez le preguntó a un arbusto: ¿se emociona usted al irritarse en la nutrición?, y la respuesta fue "no".

Es cierto, pensaría, pues no posee sistema nervioso ni espacio mental para representarse un estado emocional, por lo que no puede existir un arbusto comunicador, ni expresivo, pero este cambia, después de nutrirse es distinto físicamente, el árbol está unido a ese principio que aún no ha nacido para la enunciación, ni para la impresión, es algo muy básico con una diferenciación muy pequeña del "todo", una existencia muy liviana, pero existencia.

Con esto quedé satisfecho como si fuera la verdad inigualable que nadie te contó, y proseguí:

En cambio, hay vidas mucho más diferenciadas, como en nuestro caso - los humanos - donde se diferencian posibilidades infinitas, donde se otorga a un cuerpo el poder de creación y responsabilidad digno del mismo creador.

Para un cuerpo humano moderno, la vida es como un regalo infinito, pues, posee un vínculo tan capaz: guardando, almacenando, recombinando, generalizando, o concretando y haciendo - sea como fuere - que todo consista en crear un mundo en el que impacten las impresiones comunes a la vida.

En reposo bien puede el cuerpo propio imaginar como forma de meditación poética, donde lo ocurrido vuelve bajo un nuevo dominio para el surgimiento de picos en intensidad, aunque sin concepto, sin re-experienciar y nombrar a los conceptos, como una planta, pero a golpe de prosa e intuición.

El cuerpo ya actúa y vive en alegría, no se atormenta sobre la felicidad, ¿quién quiere ser feliz?, ¿no prefieres el goce como momento contrario a la "felicidad"?, pues, viajar al pasado para conseguirla parece más bien una negación a la propia vida. Pero la vida en este particular cuerpo físico tiene la capacidad de generar estímulos lingüísticos y simbólicos, crear nuevos vínculos e impresiones más complejas en dominio, increíbles, que te llevan a pensar si existiera alguna otra agrupación fisiológica, con una capacidad representativa superior a la de nuestra especie.

¡Ay! Si no sucumbiésemos a prohibiciones autoimpuestas, producto del mal uso de las capacidades simbólicas, un uso generalizado y dogmático, extendido mediáticamente, reducido y centralizado en los símbolos creados y no en la capacidad para crearlos, y de esa gente atormentada por "fantasmas" que acostumbran a destruir sus capacidades, que se encadenan al símbolo y practican el canibalismo de las ideas propias, para ellos la muerte - de las ideas- les aparece con símbolos en forma de regalo.

Pero, ¿hay más vida en lo propio que en los símbolos de la historia?

1.4 – ¿HACER O PARECER?

De la reflexión anterior siguió otra que se preguntaba sobre ¿cómo puede ser que la persona que tenemos enfrente sea auténtica, y cómo y cuando solo lo aparenta?

Psicológicamente, el funcionamiento del propio cuerpo y de todas las ideas que anidan en él - hacen que el sujeto sienta, es decir, que experimente emociones.

De lo que se sigue que se puede diferenciar entre actitudes del actor cuando este actúa, es decir, cuando aparenta.

Parecer; es hacer como sí -me dije sin pestañear. Es actuar por el mandato de las reglas grupales sin conocerse primero, aceptar los roles impuestos por la sociedad y luchar porque los demás crean que eres de la forma que se supone necesitas ser.

Parecer debe consistir en permanecer frustrado, como vivir con ira hacia algo - que consiste en vivir deseando hacer el mal hacia algo que crees que odias, y que, por tanto, tras la consecución de esto no obtienes alegría, no te llena lo que haces.

Todo es rutinario y la pasión salta, no cambia, no se piensa y te enfadas.

Discutes con el afán de tener razón, pensando que los actos buscan el reconocimiento externo y "el bien queda", y acumulas y acumulas objetos materiales, por solo tenerlos, ya que no los disfrutas.

Y de esta forma hice una lista, recogiendo los rasgos que, a mi parecer, debía de buscar en esas personas que aparentan, que pensaba serían otras de las que no lo hacen. Y estos eran:

-Les gusta criticar a los demás y no suelen valorar sus esfuerzos.

-Viven en alerta permanentemente.

-Cuándo algo no les sale bien, la culpa es de los demás y de la mala suerte.

-Están en un estado de confrontación permanente.

-Ven fantasmas y enemigos por todas partes.

-No disfrutan de la ocupación si esta no es envidiada.

-Defienden tener razón y usar la mejor teoría o sistema.

-Necesitan reconocer si han hecho bien las cosas.

-Disfrutan del resultado y no del trabajo.

-El resultado de su trabajo no les pertenece.

Y siendo esto lo escrito, que por cutre y poco preciso no dejaba de ser algo, a este "filosofillo" le bastó, y siguió más adelante con otra reflexión desventurada.

1.5 – LA AFECCIÓN Y LA IMPRESIÓN PARA UNA POÉTICA FILOSÓFICA.

Aquí, este pensador que era yo y que ahora recuerdo que he ido a llamar Aldo, dice que se piensa a sí mismo y desarrolla la idea de afección (Spinoza, Deleuze).

La afección era opuesta a la impresión (una abstracción de estímulos, al menos curiosa) y cree que la impresión es un acontecimiento adueñante mínimo, y que eso es un nuevo estado de cosas, acompañado necesariamente por un afecto neutro de sorpresa - que sería la prueba de que el autoconocimiento rechaza una afección por contradictoria.

La sorpresa se puede unir entre conceptos de una forma no prevista, no como las afecciones que se valen de imágenes, historias o frases poéticas que participan influyendo o suscitando - como decía Spinoza -, la sorpresa te impregna del afecto que aún está por formar.

El individuo en el instante de afección se entristece y en el instante de impresión se sorprende, y eso es un paso a la alegría, un posible, pero en ambos falta algo.

Pasa que en la sorpresa no ha descrito el afecto por formar y la idea es débil sin estar conceptualizada, es solo un devenir idea y aunque ejerce su influencia se puede oscurecer rápidamente.

Así, digo que esa afección se convierte en impresión si se la acompaña de sorpresa y si pasa por un proceso de conceptualización, la fuerza de la afección primera deja de dominar al sujeto, y la capacidad de la idea en el concepto -que está por crear- le hace bien al sujeto, le hace bien porque hace que pueda pasar su pensar por nuevas rutas del propio pensamiento, en sus palabras se hace más capaz, más alegre, pues el sujeto está contento de sí mismo.

El problema de luchar contra las pasiones y afecciones consiste en algo individual para Aldo, pues como en historias afectivas muy mediáticas, él cree saber que un individuo que respira el ambiente de su época (del siglo XXI) tiene difícil potenciar su propio pensamiento.

Es pesimista, pero quiere sorprenderse, en realidad no sabe quién es y solo a veces se lo imagina.

Y así, con este pesimismo que le caracterizaba, creó una historia que era "afeccionadora", que crea imaginaciones con la intención de asustar, de condicionar o de manipular a las personas, con el fin de hacerlas sentir lo que él deseaba, y fue esta:

Ninguna persona conoce esta historia, o seguramente no mucha, esta historia trágica. Pero yo sí, y os la pienso contar con pelos y señales:

Sapo deseaba los pantalones de color azul celeste con cremallera de color, o (mejor dicho), pantalón y cremallera de color formaban un conjunto del que Sapo quería formar parte. Sapo ahorró durante dos meses y compro esos maravillosos pantalones. Luego corrió a casa en saltos de dos y tres metros. Tardó cinco veces más en ponérselos que en llegar a casa.

Aquellos increíbles pantalones, estrechos y ajustados a su pegajosa piel verde, quedaron embutidos (muy difícilmente) en su gran y pegajosa cintura.

Y ajustados a su pegajosa piel verde, quedaron embutidos - muy difícilmente - en su pegajosa cintura.

Fue ese el momento cruel, ese en el que Sapo idealiza su figura unida ese pantalón brillante, cuando descubre que faltaba algo para que el conjunto fuera maravilloso.

Él sabía bien lo que faltaba; Una espléndida tortilla de dos huevos - cosa que le encantaba comer.

La imagen de la tortilla completaba el fantástico collage constituido en: piel verde y pegajosa de Sapo, pantalón azul con cremallera de color y tortilla de dos huevos frescos. En un momento pensó que formaba la trinidad más perfecta y divina a la que nunca un sapo pudiera llegar.

Batió, hundió el virtuoso tenedor de izquierda a derecha rápidamente. Entonces una mínima parte de yema salió disparada. ¡Rápido!, Sapo agarró un trozo de papel para agachándose limpiar la maldita yema de la baldosa.

Aquí irrumpió la tragedia, trágico y maldito fue el momento en que la presión descuartizó el botón que sostenía unido pantalón y cintura, llevándose consigo, conforme bajaba la cremallera, dos espléndidos y pegajosos huevos verdes de Sapo. Eran esos que nunca pensó ver separados de su magnífico cuerpo - ya no tanto.

Sapo no pudo levantarse, mientras: se quemó la tortilla de dos huevos. Se despegaron del cuerpo sus dos huevos verdes, pegajosos. Y el pantalón quedo inservible.

Esta es la razón y no otra de que los sapos no coman huevo. O, ¿alguien vio alguna vez a un sapo comer huevo?, y ¿vieron a algún otro mostrando sus genitales? Ahora saben ustedes lectores una de las más grandes "verdades" de la vida de los sapos. A partir de aquí son libres de contarlo allá donde vayan.

Esta historia autodidáctica con otros protagonistas abundan en libros religiosos "afeccionadores", en esos libros llenos de poesías y pasiones de quita y pon para el gran público "que no sabe pensar aún". Esto es lo que desmonta Nietzsche en relación con el Dios de las religiones monoteístas, que está lleno de afectos enmascarados en afecciones, lleno de pasiones representadas en sus imágenes y poéticas, frase cillas, pero falta el concepto y su acto, los individuos ya no conocen a Dios, lo han matado - que dijo Nietzsche.

1.6 – LA FILOSOFÍA QUE ALDO CREÍA QUERER.

El autodidacta en este punto de la historia pensó que podía escribir una definición de ¿qué es hacer filosofía?, y probó a escribirla pensando que sabe que el filósofo que escribe críticas no enuncia ni hace concepto, ni filosofía, pero si puede criticar:

Toda la historia se compone de afecciones -tuvo por hipótesis- que son las imágenes que representan a la emoción y que bloquean al que piensa, no son afectos en el sentido que los utiliza Hegel o Spinoza, por ejemplo. Pero ya tenemos algo en que pensar sin saber nada.

Pasó el autodidacta desde un esfuerzo por acercarse a las cualidades de quien hace filosofía hasta la continuación crítica, para esclarecer los fallos de las enunciaciones ya hechas. Y creyó que para saber como hacerlo, debe de probar y aproximarse por vía de la experiencia poética.

Esto tendría entre manos Aldo, al escribir este poema que creo, debió de escribir a continuación del tema anterior, por estar escrito con la misma fuente tipográfica, con faltas y cierto desdén circular:

Principio de un mundo.

Me dejó el corazón asfixiado, de un revés directo a la nariz

espacio y tiempo salen a borbotones, partido en dos, solo veo sangre

y sin tener a que agarrarme.

Un impacto tan audaz, que

caí sin pies, ni cuerpo, ni nariz,

un daño sordo e irreparable y...¡Ay! del pecho frío de daño!.

Encuentro culpa en estupideces,

¡maldito cabrón, brotó de la nada!

de la paz y armonía él se relajó e inventó con gracia

el principio de un mundo.

Con molestos empujones y cantando al compás,

¡ya!, fuera del bendito infierno solo queda inventar.

En la relectura misma de este poema, creo que podría escribirlo cualquier chico con acceso a un ordenador e Internet, baste que incurra a ratos con una curiosidad que no esté acostumbrada a muchos hábitos, pero, ¿sola curiosidad sin afectos?

La curiosidad en sentido estricto solo se presenta en afectos neutros, solo en aquellos instantes en que no se vale de ningún cuerpo y el deseo cae justo en el espacio del pensar intuitivo, y esto lo creo porque en mí solo hay ahora afectos de tristeza y pérdida - se decía este autodidacta -, y no son estos los incipientes de mi curiosa forma, no, no se trata de pensar por interés.

¿Pienso mi "yo", o lo que sea el pensar piensa a través mío?, habrá una diferencia brutal entre pensar el "yo" o el sujeto histórico del autoconcepto a pensar la cosa que piensa y es pensada, que creo ahora frustrantemente que será "despensar el yo", justo su opuesto.

Pero esta explicación vendrá más adelante - intentaba decirse para no liarse más aún -, lo que importa ahora es empezar por el principio, por la historia, desde la primera inquietud sobre el yo de autoconcepto, es decir, sobre la pregunta: ¿quién soy?

La siento como un momento en el que te das cuenta de que conocer es cambiar, lo que es igual a multiplicar las imágenes de uno mismo, tanto la proyectada como la percibida, y que lo que acontece ahora es un final y como tal doloroso.

Así, el problema sentido y la permanencia en un mundo abstracto le sirve para, con pocas palabras y pocos conceptos, verse tan despistado de comunicación que le parece poco alcanzable la lógica y la transformación racional, y empieza a experimentar con la enunciación poética, creyéndola capaz de llegar por los sentidos a los afectos de terceros, e intuyendo que podría cambiar los suyos propios.

Una dificultad extrema o radical del quehacer filosófico en los inicios consiste en la capacidad de expresarse, sin perder el aquí y ahora. ¿Qué palabras comprenderán mis amigos? - se preguntaba. Explicándose después lo que sigue a continuación.

1.7 – ¿EN QUIÉN PUEDO CONFIAR?

¿Puedo contar a mis más cercanos estas increíbles impresiones?, pues, ¿cómo es que desconfían?, ¿cómo es que no les impresionan como a mí?, ya que nos tratamos de mucho, ¿por qué no quitarme la careta?, a saber, se juzgan más los símbolos en boca del más próximo, y si es así: ¿cómo puedo desahogarme?, pues no nos conocemos en otro lenguaje.

¿Y si, por este hablar conmigo mismo sobre aquella impresión que suscitó mi regocijo me preparo para impresiones más complejas?, ¿Qué nuevas amistades encontraré?, ¿y peligros?, tengo una necesidad, y he de salir al encuentro, ¿qué más puedo hacer?, ¿quedar estático?, ¿sufrir la inacción de por vida? Sé que no intentarlo y no sumergirme de cuerpo entero no es opción, lo que ahora tengo ya no será, pero, ¡ya me gustaría a mi poder no aprender! O poseer la suficiente torpeza como para no aprenderlo todo.

El proceso de conocimiento me apasiona y asusta, mucho más me apasiona, y me asusta aún más algún día saciarme del todo. Hay que empezar a escribir,

¡Quiero adueñarme de ideas!

1.8 – LAS EMOCIONES COMO SI FUERAN NEUTRAS TODAS, EN UNA RAZÓN ILÓGICA.

Siguiendo con su especulación, piensa que las impresiones ocurren en el momento de vivirlas, que suelen entrar en el recuerdo por cercanía, y que el recuerdo es un espacio que se debilita con el tiempo o se transforma, así, si no cambian las ideas y experiencias contenidas en él, podría convertirse en dogma lo adquirido.

Pero creía que la impresión tenía más caminos posibles y podría ser creadora de conceptos e ideas, que podía crear un proceso de cambio si trabaja en ello, y volvía recurrentemente a "experienciar" de nuevo las impresiones vividas, cambiando uno o dos atributos. Volviendo a repetir y diferenciar, así es como se hace experiencia de lo vivo -se iba diciendo a veces-, y volver a impresionarse era volver a recordar la emoción en el "recuerdo", mientras que la memoria se le aparece como el recuerdo del objeto: su significado y forma - algo más estimular que experimentado.

De las impresiones o recuerdos de la "vida vivida", de este concepto que me formaba, sé solo que son

propias porque nacen de lo experimentado, que, incluso si lo sabido no está dicho, por medio de la sorpresa de las conexiones entre lo ya sabido y sus contradicciones, constato que algo hay, porque, como ya me demostré, la curiosidad no se acompaña de afectos, y, por tanto, es buena para mí.

Visto lo curioso y puesto en postura, solo puedo acordarme de que emergía en momentos de concentración pausada, que la reacción era inesperada, las ideas sobre lo que pensaba reaccionaban de forma inesperada, es, creo, la sorpresa que nace de lo real, es lo real sorprendiéndose a sí mismo en la no razón, es lo real pero nuevo aún y no conceptuado.

Aldo después de esta especulación medio conceptual surgida de varias impresiones, pensaría que para empezar a establecer sus propias ideas en papel, podría empezar a escribir no de ideas, sino de historias inventadas o de relatos de ficción que obliguen al uso de una idea, y que por limitaciones de cantidad de conceptos y por incapacidad para hacerlos, se debe dedicar solo a crear impresiones poéticas.

Piensa que el relato es un arma capaz de expresar lo que no se puede enunciar, por desconocimiento y sola ausencia de herramientas, el filósofo desarmado escribe relatos, y no tiene por qué expresar ideas peores que el más lógico, es que normalmente no las nombra ni conceptualiza.

Una filosofía no-conceptual con menos puntos de apoyo (menos concepto, menos palabra, menos enunciado) pero que sugiere impresiones de cuerpos entre cuerpos y en la que se puede intuir que hay acto por pequeño que sea.

1.9 – EL AFECTO DE LA CULTURA Y EL INICIO DE LA DESOBEDIENCIA EMOCIONAL.

Cerraba ya los ojos Aldo en la cama en un día para olvidar, que era lo que no hacía ni debía.

Se encontró entreviéndose por tormentos de tiempos antiguos, en la costura de sus ojos percibía palabras de aquí y allá, provenientes de épocas que los hablantes no sabían, venidas de pueblos distantes por conocidos familiares, de tan doloroso funeral que fue a asistir. Y a esto por fin el sueño le vino.

«Este es un lugar para relajarnos Aldo –le dijo, si Aldo, debe ser así, esta sala posee sabidurías milenarias, la solución no tardará en llegar siempre que tengamos fe en ello, no te atormentes amigo, esta es la época de más trabajo desde que este lugar fue construido, es completamente normal e incluso saludable tomarse un descanso para poder tomar la decisión adecuada. Háblame de ti, ¿cómo te encuentras?».

«No doy con la diferencia padre, a ratos observo sobre la puerta que mis sentidos internos se mofan de mi nombre, noto el adelanto de la desgracia que me está por venir, y no consigo deshacerme de ello. Observe usted lo cerca que estos están de adueñarse de mi buen juicio, que me juzgo incapaz de revivir la unidad verdadera de una mente limpia, pues, son tan poco comunes estas entre aquellas, que únicamente pasean ante mis ojos láminas sucias de viejas sabanas, y al ver una esencia translúcida y reformada, no consigo representarla en todo su esplendor. Oh!, mi dios, que daría yo por poder contemplarlo día y noche, por recibir la claridad instantánea de su infinita belleza incorpórea, y por esta razón recuperar mis más notables y nítidas percepciones»

En situaciones así, solía suceder alguna cosa, cualquiera, esa que completaba el silencio y lo convertía en saber, la verdad que solo con su presencia ya se acallaba el chico, como un chucho hace después de una comida, así era, casi siempre, esta vez se fue y ahí quedó en ello.

Comenzó a observar la sala, siempre te llena de paz, la sala en sí está llena de paz, por el hecho de no ser una sala, es mucho más, por mucho que camines en ella no tropezaras con ninguna pared y tampoco es que haya que entrar por ninguna puerta.

Asombrado quede horas en mi alma rebosante, relajábase esta hasta no escuchar ningún eco, dejábase caer plácidamente en ningún pensamiento y así pasaban años como segundos, y bien, últimamente se hacen muy cortas estas visitas y será el trabajo que la perturba.

En todo ello consistía el hecho, no me di cuenta del día y estaba justo sobre él, en fin, reconozco que me creí muy capaz, pero me hubiera venido bien reposar en la sala, más no pude, no lo comprendí muy bien.

Pero como hay personas deseosas de guía, de bienes y placeres llamados comunes, no creyó buena idea quedarse ahí, y se fue, como se irá sabiendo.

Y de lo ocurrido y aquí narrado, creyó que debía criticar, y se puso a hacerlo.

1.10 – YO SÍ CREO EN DIOS, PERO NO TENGO FE.

Imitando a un filósofo del que ya había leído su Así habló Zaratustra, Aldo dejó mudo al mismo Dios - que es como matarlo, pero menos radical.

Ha conocido a Nietzsche, que es un filósofo fácil de leer para un principiante, muy accesibles sus formaciones prosaicas realizadas en lenguaje corriente, y aunque solo sea para destruir ideas vacías, se comprende mucha historia antropológica de forma bastante intuitiva.

Pero, a todo esto, se bañaba de sentencias en cuanto le llegaba la experiencia del sueño y era allí que se permitía criticar en episodios que llamaba tramas, "tramas de poder".

- Si esta no me hubiera atravesado no pasaría nada – decía en una trama de estas-, actúo con valentía, eso cuenta cuando no dominas la situación, cuando me he dado cuenta ya he cambiado 30 cosas de sitio y me voy con 10 victorias y 20 derrotas.

Otra de muchas decía así:

1.11 – SOBRE LOS RASGOS TÍPICOS DE UN JOVEN PROTOFILÓSOFO.

Aldo era aquel personaje autodidacta, para presentar al personaje mejor conozcan algunas experiencias; De pequeño en la escuela comenzó a escribir entre clase y clase – donde no le motivaba el estudio ni le intrigaban las materias - en el momento donde no surgía la voluntad apropiada, pero si se presentaba la concentración, de repente, comenzaba el relato de un hecho esporádico que podía ocurrir en un momento.

Las más veces se encontraba absorto en sus pensamientos, dentro de una gran clase repleta de gente se crea un vacío, y entonces repetía impresiones sobre un texto periodístico que había leído días atrás, en este estado escribía seguido, sin tensión ni razón alguna. Pero los escritos no solían llegar a ninguna parte, eran solo pequeñas líneas que rimaban y cambiaban lo que había leído, en realidad eran la lectura misma con algún cambio, era poesía para el que no sabe entender.

Aldo, como individuo deseante de conceptos, no sabe muy bien lo que va a escribir mientras lo hace, no es muy ordenado, seguramente se trata de un espacio de superposiciones de fragmentos sin orden, esto lo cree así por una característica de lo que busca: crear ideas partiendo de otras más pequeñas y comprender en la experiencia el nacimiento y desarrollo de los conceptos, que es ver el cambio que sufren en sucesivos análisis y en la evaluación continua de su potencia y forma actual. Así como imaginar de forma clara la palabra que pueda mejor utilizarse antes y después en el proceso de las ideas.

Si lo ve así, es solo un entrenamiento, un deporte de largo recorrido donde si existe un momento de respuesta, le debe acompañar una sensación consigo, hecho que produce otra variable. Desea encontrarse dos variables, una, el cambio producido a consciencia en la utilidad de un concepto, y la otra, el registro de la experiencia que tiene de él. No importa mucho que la idea en sí a pensar de esta forma sea una "gran verdad", que lo que quiere es que sea pequeña para poder "manipularla" con solvencia, siempre que se ponga a entrenar, el orden ya no tiene valor, un ser es Aldo de "impresiones" entre palabras y conceptos sin terminar.

Otra preocupación dependiente del acto a probar continuo al que se iba sometiendo, era saber como reaccionará su cuerpo físico, sus tejidos nerviosos y composición neurológica, ante los cambios repetidos de actividad a reposo y viceversa. Él creía que en forma de cansancio, irritabilidad, euforias, y concluyó que necesitaba libertad y paciencia, para escribir en el momento que poseyese el ánimo apropiado.

Solo en esos momentos se decidía a realizar la escritura con algún fin en mente, que solía ser el deseo de poseer una impresión de angustia, reformular y renombrar emociones, cambiar unos conceptos por otros, buscar definiciones de emociones más complejas conjugando varias. Y en fin, conocer los conceptos de los filósofos en su experiencia, mezclar los grandes conceptos en un juego de impresiones propias. Que consistía en definitiva en jugar con las ideas, controlarlas, alimentarlas y mandarlas salir para poder comprenderlas y aprehenderlas.

Un aprendiz de filosofía piensa que si ha de saber algo y no sabe que, solo lo hace guiado por su cuerpo y que este no puede dejar de hacer otra cosa, necesita saber por una hambruna de necesidad que le inunda, sentía muchas veces una necesidad de hacer "de vida o muerte".

Tenía en muchas ocasiones un feroz deseo de aprender y poseía en su vocabulario pocas ideas filosóficas aprendidas, en cambio, se solía fijar mucho en las impresiones que sus divagaciones le causaban; en los efectos y sensaciones que algo o alguien le causaba en el ánimo, es decir, si un estímulo activa este concepto guardado en alguna región y hace que cambie una actitud, nombrarlo y recordarlo es el mismo trabajo de escribirlo. Es hacerlo ahora, justo cuando se escribe - pues piensa, verdaderamente, que no hay otro momento.

Por ejemplo, si prueba o piensa en algo seductor visto en una película o un artículo, y mantiene el foco en las imágenes de las cosas vistas o leídas, manteniendo esa "impresión" sin cambiarla o mezclarla justo el tiempo necesario para correr hacia un espejo, y al verse se pregunta ¿es más seductora la figura que veo? ¿Cómo me siento?, ¿Me afecta la impresión que guardo ahora?, en ocasiones notaba algún pequeño cambio.

Entonces el autodidacta acostumbraba a desgarrar otra emoción como la angustia, interiorízala, guárdala y soltarla frente al espejo, ¿es la misma figura?, ¿ha cambiado algo?

Aldo, el autodidacta por curiosidad, se hacía a sí mismo consciente de esos mínimos cambios de interpretación de los afectos, sin saber si eso le ayudaría en algo.

Él lo que hace es Desear, y esto le impulsa a preguntarse cosas de una forma feroz, concibe el deseo de forma natural, pensando que no es otra cosa que un conocimiento que su cuerpo anhela, así piensa sobre el deseo que experimenta y cree que lo que ambiciona son las ideas y sus utilidades. Y que estas se consiguen - especulaba - escribiendo en palabras expresiones posibles de la idea misma dentro de enunciados.

Entiende así que el concepto es la idea delimitada en la palabra que hace posible la unión de la palabra con su significado y utilidad. Cuando la palabra está ejerciendo la utilidad de la idea creada dentro de una frase, dice que la idea está enunciada, e igualmente al producto de esto, a la idea y la palabra juntas le llama concepto.

Comprendiendo y aceptando este nuevo concepto de concepto, el autodidacta se pregunta: ¿Cómo puedo aprender si no sé por qué idea empezar?, pero, más aún, le asusta otra posibilidad, ¿Seré entendido por mi familia y amigos en esta aventura?

1.12 – FORMAS DE CONCEPTO Y CONSTRUCTO.

Y como el miedo por no ser comprendido era como se ve, grande y feo, reflexionó después sobre que es un concepto y que un constructo:

Constructo y concepto son formaciones individuales o individualizadas a través de lo social y nos sirven para observar la propia realidad personal —se aclaraba—, y se suelen utilizar como sinónimos, pero su nacimiento fue otro, no son la misma cosa, su causa difiere.

Y con esta sentencia en mente investigó a continuación, con lo que acabó encontrando lo que sigue.

Que el construccionismo es una teoría psicológica referente al desarrollo del aprendizaje desarrollada por Seymour Papert y basada en la teoría del aprendizaje creada por el psicólogo Jean Piaget, y en ella se destaca la importancia de la acción, es decir, del proceder del cuerpo humano activamente en el proceso de aprendizaje.

Por lo tanto, el constructo es un referente del área pedagógica.

Y por su parte el concepto nace como utilidad filosófica, y se refiere a un contenido mental que se puede definir como una "unidad de conocimiento", es decir, cuando nos referimos a un concepto hacemos alusión a una "idea terminada", por ejemplo, hablamos del concepto de idea platónica cuando nos referimos al concepto de idea realizada por dicho autor en toda su concreción y especificación, y que es diferente del concepto de idea de algún otro autor.

Así, desde el ámbito social el concepto surge de la necesidad de generalizar o clasificar a los individuos, agrupando las cosas o los aspectos y cualidades comunes por sus semejanzas y diferencias. Pero también el constructo se forma por agrupaciones de diferencias.

Desde el ámbito individual los conceptos y constructos forman relaciones complejas entre palabras y significados, si el concepto es terminado, el constructo nunca lo es, y esto porque está en íntima unión con la experiencia y significación del sujeto, cosa que no hace el concepto, que desde una óptica filosófica se refiere a la capacidad y utilidad de la idea ya creada.

Son estos términos tan parecidos que no vale la pena —en la mayoría de los casos— inferir distinción alguna, utilizar ambas palabras como iguales capacita un nexo de unión entre las ciencias filosófica y psicológica.

Para ejemplificar esto, pondré un ejemplo, pues en la intervención psicoterapéutica existe un desarrollo investigativo en el área de evaluación psicológica que está íntimamente unido a la construcción individual del paciente, se llama la "técnica de la rejilla" y pretende evaluar y diagnosticar, utilizando los constructos propios del paciente a favor de un futuro tratamiento "a medida" (no estructural).

Esta técnica la utiliza el psicólogo como primera toma de contacto con el paciente para conocer sus afectos y afecciones personales, y de qué constructos se vale para diferenciarlos, el paciente clasifica a sus cercanos con sus propios constructos (Ejemplo: buena gente, trabajador, elegante, tímido, etc.) y deja abierta al psicólogo las puertas "conceptuales".

1.13 - LA EXISTENCIA Y LA PERMANENCIA.

Prosiguió con la intención de aclararse sobre que sería un concepto, y escribió:

¿La existencia de un concepto es capaz de comprenderse sin la permanencia en un enunciado? - creo que Aldo se refería a los nuevos filósofos, esos que utilizan nuevos medios conceptuales como el cine, el comic, el videojuego, etc.

Pero, acaso podrá escapar de ese sentido comprometido con el enunciado; Los positivistas creen que el enunciado es todo cuanto podemos evaluar, piensan que no hay concepto ni potencia, digamos que no coinciden con Aldo en la idea de la existencia de un contenido de pensamiento antes de formular el resultado. Esto es por decirlo con Freud, que no creen en el inconsciente.

Y es que en esta época unos demuestran postulados capaces de avances científicos destinados a una minoría de investigadores, pero no creen en el conocimiento por si, no creen en el bien ni o el mal que puedan hacerse unos hombres a otros con sus conceptos sin enunciar.

Los otros expresan enunciados para hacer comprender conceptos al hombre singular, con la virtud de hacerle un bien particular, de entregarle una herramienta para su uso, de compartir la posibilidad de la idea.

Los primeros "pecan" de un voto de castidad frente a los afectos, y no expresan, sino deducciones lógicas de todos los ámbitos de la realidad, la mayor parte falsaciones de teorías por el método analítico, los segundos persiguen una tendencia diferencial aumentando el riesgo de anarquía intrasujetos.

El mundo comunicativo es hoy muy extenso, tanto que cuesta mucho a un individuo que vive en la sociedad moderna comprender su mundo, le cuesta comprender su realidad junto a la realidad de los otros. Así, el especialista se encierra en un lenguaje científico compuesto de enunciados, y el no especialista no encuentra ideas para asociar sin tropezarse en innumerables contradicciones.

El mundo de los sentidos está hipertrofiado, y el de los placeres hiperextasiado. Hoy se puede elegir entre vivir de los placeres de un cuerpo abstracto en infinidad de estímulos contradictorios o especializarse en un campo de la ciencia concreta y volverse un experto delimitado.

1.14 – SE APRENDE A LEER BUSCANDO CON INTENCIÓN.

Enfrentarse a una lectura —pensaba por aquel entonces— consiste en tener una intención, surge en siempre cuando el encuentro con un problema personal inicia una búsqueda externa - un estado de cosas a aclarar.

Si busco en textos modernos o antiguos, como en lecturas místicas, de textos orientales, de religiones antiguas, o mejor en libros científicos, o vete tú a saber. El caso es que siempre se pretende ser consciente de algo más, ¿cómo lo consigo?, esta es la curiosidad de voluntad de poder en Nietzsche, o el acto alegre de la razón en Spinoza, que conceptualiza gestos y formas y los enlata en palabras y enunciados.

Cuando se lee en busca de una intención, se absorbe progresivamente un problema, que es un estado afectivo individual y social (ambos a la vez), y el libro leído cifra y desarrolla un estilo dado, la captación de dichos afectos.

Algunos autores usan modos de pensamiento que se desplazan por rutas no-comunes, que potencian devenires no-masificados. Son autores no comprendidos, autores que pretenden afectos sin lengua genérica en uso, parece que hablan ellos en una lengua extraña, son estos quienes realizan la función de actualizar el tramado lingüístico de su época y podrían llamarse así: conceptualizadores, enunciadores, creadores o algo común a estas tres palabras.

Estos filósofos actúan como si la lengua se alterase por momentos y grados, como si en la historia de las palabras algunas quedaran vacías por "economía emocional" y naciesen nuevos afectos que necesitasen de estas.

Si hay palabras vacías de afectos y viceversa, estos autores realizan el trabajo de enunciación, necesitan la palabra que a través del "mejor" y más útil enunciado consiga conceptualizar un afecto que cambia. Y es la más virtuosa acción de la filosofía y a la vez lo que pretende el lector por intención.

1.15 – PARA QUÉ SIRVE UN PEQUEÑO TEXTO FILOSÓFICO.

En ensayo pequeño era de lo más positivo para Aldo, pues funcionaba como un punto de encuentro que puede darse entre autores muy distantes (Heidegger y Deleuze, difícil pero no imposible).

También permite iniciarte en el conocimiento de la teoría de un autor extraño.

O aprender la filosofía de una forma muy flexible y autónoma.

Pero un pequeño escrito filosófico es inútil como teoría única, es a todas luces una tremenda "chorrada" pretender unificar una teoría filosófica en un pequeño texto filosófico, no es posible.

Al avanzar en el dominio y técnica de la materia filosófica, un texto "microfilosófico" se nos quedará pequeño, es momento de ir a por las grandes obras dotadas ya de un mapa lo suficientemente estable y flexible.

¿Cómo aprendes tú lector las materias filosóficas?, ¿de forma autónoma, en la universidad, en grupos,

1.16 – ¿QUÉ PUEDE EXISTIR?, Y ¿QUÉ PUEDO CONOCER?

Ahora, Aldo se encuentra en la encrucijada de comparar esta fórmula filosófica con el uso del concepto, pensó que la filosofía, que es una disciplina a la que se han dado multitud de definiciones, y que desde tiempos antiguos se ha hecho llamar la «ciencia» de las ciencias por su carácter universal y por las respuestas a las que ha optado responder, le ayudaría a salir de su letargo.

Pero -encontró que- hay quien dice que la filosofía tiene que ver con los placeres, es actualmente cuando estamos viviendo un resurgir del hedonismo y el ateísmo, podemos observar a un filósofo contemporáneo, Michel Onfray. En Onfray la filosofía es actitud de existencia, y la pregunta es, ¿qué puede existir?, o ¿cómo puedo existir?, y su razón de existencia es su propia capacidad.

Así funciona la mayoría de la filosofía actual, es un juego de poderes ligado al lenguaje, al concepto y su enunciación. Esta filosofía ha evolucionado de los presupuestos de Spinoza, y su definición es la pregunta de aquel residente en Ámsterdam, ¿Qué puede un cuerpo?, esta fue la pregunta maliciosa de su libro de ética, la que ha evolucionado hacia ¿qué puede existir?, o ¿qué puedo conocer? Pero igual nos encontramos en un movimiento creacionista, pues con solo realizarse la pregunta: ¿qué puedo conocer?, eso implica un acto búsqueda creativa.

Por esto ahora creemos que la vida es un objeto moldeable de la filosofía, la vida es el juguete del filósofo, es su propia vida consecuencia de su causa primera (que es el acto de filosofar).

Y así, que el filósofo entregado en acto a filosofar, transforma a su gusto (o mejor a sus «placeres») su propia vida.

Y el filósofo será o no escritor, y tratará al concepto (que es el molde para su vida) de forma vocal o escrita. Y si eligiese la forma vocal, lucharía con políticos y periodistas (seguramente) en batallas sangrientas, donde los unos hablarían de deseos abstractos, y los segundos de afectos o conceptos.

Luego, si elige este la escritura -que es más noble y ligera, podrá formar en júbilo individual sus ideas en conceptos, y no se incluirá este en ningunos asuntos sofistas o publicistas. Es decisión del filósofo contemporáneo elegir su medio de expresión.

Más importante aún, es el hecho de que los filósofos ya no se guardan ni refugian bajo una teoría, su trabajo es más especializado. Recordad que, ahora es el hombre el sujeto creador y Dios ha sido desterritorializado -en consecuencia.

1.17 – ARTE DE VIVIR FILOSOFÍA EN LA LECTURA Y ESCRITURA.

Pero leer era su obsesión, era algo que necesitaba, vean ustedes lectores si no, como algún día me decidí a creer y decir lo que sigue:

Conocen ustedes la experiencia de lectura. Y, ¿cómo les beneficia? Podrían reconocerse miles de formas en que una lectura es capaz de afectar a una persona, formas en las que cada afecto particular reproduciría un sentimiento diferente. Cuando te realizan esta pregunta, en seguida te das cuenta de su importancia y dificultad. ¿Es posible aumentar el beneficio y desarrollo personal con este instrumento?, y ¿Cómo interactúan la experiencia de lectura y el desarrollo emocional?

En ciencia, para la psicología de la emoción, los sentimientos responden a la evaluación del momento, y es en el enfrentamiento con la situación que hay cambios de valor, ya en la misma lectura los sentimientos varían y se desarrollan cada vez que se enfrentan a la evaluación.

Prueben a leer una lectura afectiva, como: "Disfrutar de todo lo que te brinda la vida", En este escrito, Dyer Wayne te incita a imaginar un grupo de valores, esos que serían propios de aquel desprovisto de zonas erróneas. Inténtenlo, y prueben las emociones que son capaces de describir al conocer los valores de este personaje ficticio.

Dyer Wayne utiliza el instrumento de escritura para procurarte un beneficio, al igual que los filósofos y que los psicólogos, su meta es traspasar la imaginación del lector. En este proceso de lectura encuentras; grandes y pequeños libros, que te hacen bien, que ayudan, algunos textos personales y otros universales.

Si diferenciamos los textos universales o impersonales, son un reducido elenco de textos que expresan emociones brillantemente, sin hacer referencia a la primera o tercera persona. Aparecen a simple vista muy desestructurados, continuamente se observa al concepto en un conjunto alejado de la persona. Otra diferencia, es que los libros impersonales, a costa de matar a la persona, dan vida a palabras y las involucran en la trama, los conceptos son creados en el camino, listos para utilizarse y resolver el crimen.

El filósofo no deja de ser escritor y de igual modo desarrolla una historia de experiencias, una trama donde las palabras actúan.

1.18 – UNIONES DE SIGNIFICADOS EN MAPAS DESIERTOS.

Entonces pensaba, o pensaba este autodidacta que he ido a llamar Aldo, que todos los escritos y formas simbólicas terminadas fruto del lenguaje te dicen algo de la persona que lo escribe, aunque esté escrito de forma impersonal, pues escribir de esta forma ayuda a las ciencias, al estado y a la justicia.

Y que si en un momento dado cualquier sujeto se sitúa en un plano, siempre hay un plano habitado donde es necesario hacer algo, y lo dramático es que se convierta en estático, pues de ahí solo devendría aburrimiento.

Por doquier captaba que personas habitan planos cerrados, sin vida, y solo ante una explosión, cuál fuerza externa que efectúa una expansión de ese plano, solo ante tales circunstancias el plano se desliza, cambia de dirección y se despliegan velocidades no experimentadas.

Y es que después de todo las personas están condenadas a divertirse.

Claro, lógico, porque es imposible escapar a la diversión creativa, ya, pero este no es el problema de quien se sabe poseedor de un plano cerrado, él siempre lo sabe, sabe que sus alegrías provienen de rutas externas, sabe que el plano continúa aislado, no hay elección entre alegría o dolor, ambos como frutos del destino se arrojan sobre planos inmóviles. ¿Dónde está el movimiento intuitivo? Porque el plano se desliza, si se confía puede partir, captar el momento de caída y la coordenada de impacto, un plano en movimiento es el que se sabe vivo - inmanente - que parte y capta la zona donde arriban las caídas, el que va donde van los frutos a recogerlos se sabe vivo, se cree valioso y no duda.

Su plano actúa por él, él no sabe que sabe, pero se cree bueno y valioso.

1.19 – LA REFLEXIÓN SOBRE LAS VARIACIONES DE SIGNIFICADOS SEMÁNTICOS QUE OCURREN EN MAPAS SEMI-DESIERTOS.

Y si esto es así -pensaba Aldo- y yo sé tan poco, y entiendo lo de menos, qué he de hacer, ¿cómo sigo?

¿Qué es lo que puedo pensar, o, qué devenir tiene un pensamiento al partir de un mapa poco desarrollado como el mío?, por ejemplo, al partir de un escrito pequeño con una base conceptual y densidad de significado poco desarrollada. Y suponiendo que no se está en posesión de gran cantidad de ideas o conceptos, pocos agenciamientos fiables y ningún profesor para el aprendizaje, ¿cuál es la forma más segura y útil de aprender filosofía autónomamente?.

Si partimos de una gran teoría del pensamiento, empezando por Aristóteles en su totalidad, para pasar a la lectura de la filosofía completa de Tomás de Aquino, siguiendo después -quien sabe- con Kant, Wittgenstein, Hegel, y continuando así con el resto de los filósofos llamados grandes de todas las épocas.

Nos encontraremos en algún momento con la sorpresa agradable de poseer un conocimiento tal de la obra de estos grandes filósofos, que bien podremos calificarnos como expertos en sus obras, maestros de su día a día, y conocedores de sus conceptos más notables, pero, ¿cuánto seré capaz de maniobrar, juntar, recolocar y -en fin reconceptualizar- todo este conocimiento qué ahora no es mío?, ¿en qué medida y con cuanta libertad?

Pienso que con muy poca, al tratarse de mapas extremadamente densos, me fijo -en el supuesto- y poseo: todo el mapa conceptual de las ideas de Aristóteles, con sus ideas políticas y morales, biológicas, acerca del Alma, etc. Luego también me hice con toda la religiosidad simbólica de Tomás de Aquino, la racionalidad de Hegel, etc. Y todo esto directamente de sus obras, en "tochos de mil a mil páginas". Esto es solo un supuesto, pero justo aquí quería llegar para hacer una pregunta: ¿cuánta soberanía sobre estas ideas (que ya me pertenecerán) tengo?, y vuelvo a decir, creo que ninguna.

Creo que hay una forma más saludable de iniciarse en los grandes filósofos, a través de mapas semidesiertos de sus propias obras, y para el escritor, creando mapas semi-desiertos que den cabida a una conceptualización propia y simple, que parta de las obras de estos grandes y las mezcle entre sí con pinceladas propias.

Como ejemplo, una lectura de "lógica del sentido" en Deleuze consigue hacernos con su idea, y no es necesario leer toda su obra, ni siquiera el libro que la contiene en su totalidad, claro que no nos haremos con un contenido capaz de mucha verdad, ni con una realidad muy amplia. En cualquier caso, podemos estar seguros de que nos encontramos en una casilla, y de que es un espacio digno para empezar el recorrido filosófico, o en su defecto para avanzar o retroceder. En este punto poco importa si existe otra formación filosófica con mayor realidad, poder predictivo o más aceptada.

1.20 – DE UN PROCESO TRASCENDENTE O UNO INMANENTE.

Y de aquí me vino la creencia de que un proceso inmanente no es más que el seguir del proceso continuo de madurar los conceptos y enunciados, pues estos forman la filosofía del sujeto. Sentía que lo que hacía era no crear ideas, sino dejar que las ideas creen sentidos a través mío.

Por ejemplo, un filósofo inmanente es Nietzsche, la inmanencia es una búsqueda individual y subjetiva, es decir, individual, pero subjetiva en cuanto que es inseparable de un cuerpo y las imágenes que lo hacen actuar.

Si atravesar un canal trascendente es poco más que la manifestación de un deseo de extinción. Y esto es algo que deja de ser personal e íntimo para convertirse en social y colectivo. Pudiera pasar que en un proceso trascendente, pasen de largo - incompletas - las composiciones, y ocultas tras algún afecto, se conviertan en prosa, pienso, que una escritura poética brillante necesita de afecciones sin definir, pero en contexto, es decir, de pasiones, si quiere renegar completamente del concepto como idea trascendente.

El concepto busca hacerse objetivo, pero el concepto inmanente consiste en sola subjetividad.

Si se mira la filosofía Nietzscheana se observa que esta se escribe en un lenguaje animal, donde hasta las "águilas y ratoncillos" son capaces de comprenderlo, y esto por una necesidad de contar filosofía a quienes no saben la "lengua", quiero decir, a quienes no quieren mejorar la sociedad para realizarse a sí mismos, por eso aquí la filosofía tiene que ser subjetivizable por encima de cualquier cosa, y se hace como el espejo de una obra musical, su fin es mostrar la historia de las subjetividades, pues las subjetividades son exclusivamente necesarias cuando hablamos de inmanencia.

Para el filósofo inmanente la filosofía es estar en busca de una composición, y las composiciones, en tanto que conceptuales, no dejan de ser subjetivas, no está en ellas encontrar una forma "entera".

Lo trascendente es devenir compuesto – se decía - y no estar sujeto a deseos dimensionales, este tipo de filósofo no observa el deseo como impulso, este es capaz manipular con destreza sus intereses, su definición del deseo tiene que ser forzosamente perceptible y clara.

En cambio, la inmanencia salta sobre este constructo, atraviesa su significado, pues, solo ve un devenir, para ella tener un deseo es abrir una potencia, es devenir placer. ¡Oh!, pero esto en sí, no es nada, un deseo necesita de un tiempo y situación adecuados para encontrar su composición, para devenir completo y extinguir la potencia que le impulsó.

Ahora creo - soñaba Aldo - que es necesaria la figura de Deleuze junto a su trabajo de enseñanza, para él, enseñar es mostrar composiciones inmanentes para que sean usadas -por sus alumnos- en caminos personales, situarse en el lugar de profesor es algo muy útil para crear inmanencia, él hablaba de palabras y conceptos, ayudaba a las personas, pero se hacía a sí mismo y a sus alumnos incapaces para pensar en lo que son, porque practicar la filosofía inmanente para este señor es ser incompleto a un nivel Heideggeriano.

1.21 – ¿ESTÁ EL ESPÍRITU RETRASADO RESPECTO A LA NATURALEZA?

Con lo que iba pensando y diciendo, de entre las cosas que sabía e ignoraba, había una que guardaba con respeto. Esta era la pregunta por el espíritu, la cultura, quienes somos como grupo y otras cosas centrales en muchos filósofos serios.

Sea por esto que me hacía preguntas y después las respondía como podía.

Quiero saber si ¿volver a experimentar un estado de cosas para tomar decisiones y asentar alguna realidad sirve para algo?, y si ¿el espíritu por si puede ser un cuerpo que desea?, o ¿puede ser solo la suma de las necesidades de los individuos que lo componen?

Otras veces quería saber si ¿puede el político ver conceptualmente con claridad si conoce el pensamiento de Hegel, y si pueden los filósofos hegelianos mostrar las trampas y verdades de los políticos?, todas eran preguntas sin formular las que aquí expongo, ante las que solo se me ocurrió un poema, por llamarlo de alguna forma:

Si quieres filosofía y no sabes, irremediablemente:

Acumulas sensaciones e

intentas que estas sean más alegres, que tristes.

No das nombre a ninguna, y

si lo haces, cambiándoselo continuamente utilizando varios, uno por semana o así.

Siendo exigente,

abarcas metas más amplias en intensidad.

Prueba a ponerte hasta el culo, de vez en cuando bebe alcohol y fuma,

intenta no perder el conocimiento muy pronto, así, haz una travesura, y consigue recordarla.

Es importante echar un buen polvo, dicen amor, pero correlaciona, enamórate de la más natural,

el carácter es importante también

tú fíjate en su sonrisa, juega y ponte serio.

En sexo y filosofía

disfruta de un acelerón de pecho mucho antes de soltarlo todo

o te quedarás en nada, aprieta ese músculo y ama.

Tampoco te olvides de la pelea, para eso aférrate a un símbolo con un nombre atrevido, y

cógele cariño, llámalo siempre igual

durante años si puedes

espera un golpe, un "cobarde" que te insulte al llamarlo de otra forma

no te reprimas, actúa, golpéalo fuerte en la cara, patéalo

y escúpele si puedes,

has perdido la razón y te lo debes a ti mismo, busca impresiones y haz filosofía de nuevo.

Cuando tengas muchas y diferentes juega con ellas, y como son parte tuya ten en cuenta que

no vales nada, imagina que te has equivocado, es más,

piensa que nunca has pensado una verdad y serás filósofo, esto es lo más difícil.

Para hacer filosofía, asegúrate de

no saber más que nadie

solo piensa en cosas insignificantes,

un buen filósofo nunca dice cosas importantes, compara a estas con aquellas, y ten presente la continúa belleza del cambio.

Puedes leer a Nietzsche, María Zambrano o Spinoza, textos budistas e hinduistas, también a hombres de ciencia como:

Darwin, Popper o Piaget

pero no tiene importancia, si no los lees

igual, ya eres filósofo, no necesitas saber nada, pero, si los lees, sigue cambiando nombres, aprovecha y

haz amigos.

Y siendo esta la primera parte en la que Aldo se adentra en lo que no sabe, ansiando experiencias, encontrándose perdido entre tantas palabras y conceptos que no conocía, que creyó que este poema decía algo que no podría comprender. Y siendo así, no quedó contento, sino ansioso por seguir, frustrado y necesitado de continuar, y por lo dicho continuó como sigue en el siguiente capítulo.

2 - EMPEZAR A CRITICARSE SIN LA CLASIFICACIÓN DE LAS COSAS.

Y así las cosas que tenía por aquel entonces Aldo en la cabeza, a los pocos días le fue a surgir otro tipo de pensamientos y descubrimientos sobre la naturaleza de lo subjetivo, y sobre sí mismo.

2.0 – QUÉ PUEDO HACER CON LO SUBJETIVO.

Y esto fue lo primero que le sorprendió, e indujo a razonar.

Pensando que si el subjetivismo es una doctrina filosófica que entiende de manera subjetiva lo que a primera vista parece una clase de juicios objetivamente verdaderos u falsos –es decir, verdaderos o falsos, independientemente de lo que creamos, esperemos o queramos–.

Se puede ser subjetivista si ante unos juicios, pese a las apariencias, externos, a nosotros como individuos, actuamos como si fueran juicios acerca de nuestras actitudes, creencias o emociones. Y también se puede negar que esos juicios sean verdaderos o falsos, alegando que son órdenes o expresiones de actitudes camufladas.

En ética, por ejemplo, una concepción subjetivista del segundo tipo –conocida como emotivismo– afirma que los juicios morales son meras expresiones de nuestras actitudes positivas y negativas.

Otro ejemplo: el prescriptivismo, que también es una concepción subjetivista, establece que la tesis de que los juicios morales son en realidad órdenes – cree que decir «X es bueno» es como decir, detalles al margen, «Haz X»–.

De esto pensaba que se camuflan muchas órdenes para el que no tiene conceptos, y actúan, sí, actúan sin oposición, y eso me daba miedo.

Por eso me incliné por la concepción que hace en último término la moral como cuestión de convicciones -de aquello en lo que estamos de acuerdo o en lo que la mayoría de la gente está de acuerdo- también puede construirse como teoría subjetiva del primer tipo.

Creía importante aclarar que el subjetivismo, sin embargo, no está unido a la ética. Ya que para una concepción subjetiva de la racionalidad, los criterios de creencia racional son los criterios que el individuo -o quizá la mayoría de los miembros de la comunidad a la que pertenece ese individuo- aprobarían en tanto que están interesados en creer aquellas proposiciones que encajan en su sistema de creencias o en su forma de sentir, y en no creer las que no entienden.

En contra, la doctrina ética se interesa en procurar el máximo beneficio a aquellas acciones individuales o sociales que beneficien -a su vez- al común y al individuo, su fin es procurar los derechos, deberes y poderes del individuo en sociedad.

2.1 – EL ODIO AL HOMBRE POR CONTENER LA IDEA.

En la anterior reflexión no podía Aldo dejar de imaginar todos los desprecios que soportan esas personas que piensan, de las que no lo hacen, y de lo que deberían de saber para poder soportar esta ignorancia y descrédito social al que son sometidos.

¿Qué es odiar al otro por su pensar? Pues —me decía— el hombre es un recipiente de ideas, y en cuanto el hombre es consciente de la idea, es consecuente con la realización de las ideas.

Y de ella sigue a la idea hacia su resultado lógico, y se posiciona conforme a ella en las circunstancias en que la idea actúa.

Pero, ¿cómo puede un hombre odiar a otro por causa de las ideas que este otro tiene?, esta es norma general en la gran mayoría de individuos al confundir el recipiente con el contenido.

Esta formación solo tendría sentido si los hombres solo formasen ideas al tropezarse con aquello que les afecta y potencia así la reacción emocional, si nos fijamos en estas ideas, son ideas simples, ideas muy generales, demandantes de un mapa conceptual extremadamente pequeño.

Posteriormente, si el mapa crece o en cuanto el mapa crece y se reconocen en él un par de ideas más, cambia, muda, a una forma más racional, es un nuevo cuerpo el que invade a la idea en estos momentos de conceptualización (de formación del significado de la idea misma) que convierten a la idea en un cuerpo más consecuente consigo mismo. La idea se encamina más a la consecución lógica-racional y está menos influida por el aspecto emocional (la emoción surge cuando quien piensa, piensa a su vez que hay una posibilidad de que le afecte un cambio que no controla al 100% - esto era lo que creía Aldo por ese entonces).

Una idea cualquiera puede ser producto de una emoción cualquiera, en no pocas ocasiones el afecto material o psicológico a cualquier objeto es buena base para cualquier idea "diaria". En cambio, de la idea —por sí misma— no puede surgir otra idea que invalide a la primera, es decir, no puede ir en contra de la lógica de la propia idea.
Solo quien se guía por la experiencia de su afección, sufre por las imágenes de las cosas que su cuerpo

2.2 – EL DESEO EN TIEMPOS DE FUGACIDAD.

Ya que en estas estaba, y como sabía que los hombres se unen y enfrentan por sus deseos, y que para unos sus deseos son oscuros como ideologías y para otros, en cierto modo también deben de ser oscuros, y es que debe de haber deseos diversos, diferentes e incomprensibles. Creyó que tenía que pensar sobre la filosofía del deseo por ser estos tiempos de tanta fugacidad.

No pretendiendo aquí exponer porqué es el deseo la fuerza primera que mueve al hombre, pues ya - decía - han hecho esto mismo Aristóteles, San Agustín o Spinoza y Nietzsche, y por último Deleuze, pero no está de más que esboce algún concepto intermedio entre esta infinidad de autores, e intente acomodarlo en este mismo momento (¿No es esto hacer filosofía?).

Así que pretendiendo hacer filosofía y partiendo de uno de los conceptos más trillados de la historia de la filosofía, encuentren ustedes a un filósofo que se precie que no haya hablado del deseo y su interacción con el hombre y la naturaleza. Ya se pueden imaginar que es un concepto central al pensador, cuerpo autónomo e integrado en el hombre que participa de él como la sal al mar, el deseo es una parte a veces consciente y siempre procedimental de la naturaleza humana. Y así como la naturaleza del desarrollo puede predecirse por sus genes o por la distribución del organismo biológico —por su determinación material— la naturaleza del deseo humano puede intuirse por sus ideas y conceptos.

El deseo que le interesa es el de Spinoza, quien dice que este es la esencia del hombre, es decir, para Spinoza el deseo es lo que mueve al hombre en la dirección y forma en la que los hombres pueden formarse a sí mismos en otros cuerpos —o ideas. Y no hay ejemplo más claro que su «ética geométrica» como libro que define y ejemplifica la descripción. Ya que es un libro de deseos, de esos libros que crecen sobre tu cabeza y hacen hijos a tus espaldas.

Si un hombre quisiese aprender a desear intensamente, no puede perderse este libro. Ahora si, los deseos de Spinoza son complejos y entrelazados, no son deseos fugaces como las apetencias que se muestran en televisión, ni deseos basados en "pulsiones" o instintos, como son la gula, la avaricia y otras, que son para él deseos incompletos que siempre van acompañados de alguna tristeza.

En Spinoza el deseo es uno, y al mismo tiempo distinto e infinito, capaz de descomponerse en una multiplicidad de deseos y afectos. Pero, no pretendo aquí extenderme en la fuerza del deseo Spinoziano, lo que vengo es a criticar, y a decir que los deseos que veo en la gente a diario, los deseos que anidan en ciertas cabezas llenas de pájaros, junto con otros de cabezas más instruidas e igualmente inutilizadas son, en su mayoría, deseos fugaces.

Más que deseos son apetencias, o pequeños intereses inducidos. Apetencias de una chocolatina, de una fragancia, gominola, viaje u otro utensilio. Lo que ocurre es que los deseos que respiramos solo son producidos por el intelecto del hombre para su propio bien en una mínima parte, el resto son desechos publicitarios.

¿A quién le interesa tener tanta cantidad de deseos inútiles en su cabeza?, eso no interesa, solo es un concepto de pago con intereses lúdicos. ¿Por qué tenerlo en mi cabeza?, ¿Qué puedo hacer para defenderme de esto?, lo único que se puede hacer es hacerse consciente de los deseos propios. Y para esto solo conozco un remedio: "Ética demostrada según el orden geométrico de Benito de Espinosa".

2.3 – LOS CONCEPTOS NOS RODEAN Y CASI TODOS VENDEN ALGO, PERO, ¿SON ALGO MÁS QUE PUBLICIDAD?

Y habiendo llegado a este imperativo "lectoril", que dijo del libro que más le había ayudado algo así como: "leerlo que a mí me fue bien". Es una certeza de aquello no sería más que un dogma, pero de uno que quería romperse.

Por lo que continuó como sigue este tal Aldo:

En los tiempos modernos estamos realmente acostumbrados a escuchar la palabra "concepto", más, ¿creen que esto se debe a una expansión filosófica?, o, ¿más bien, a un énfasis publicitario? Puede que a ambos. Ya que las últimas creaciones tecnológicas, como los Smartphones, sí que requieren de un gran y útil concepto.

Por donde quiera que caminen las ideas se pueden reconocer múltiples conceptos, en nuestro mundo la realidad es producto, el individuo vive rodeado de creaciones imaginarias y son ellas las que otorgan el sentido, sin la idea en la palabra -el concepto- no serían de utilidad creaciones como iPad, Facebook, ser, o devenir (sin distinción aquí entre conceptos de publicistas, y conceptos de filósofos, para lo que conviene trae sin cuidado) que atañen a la filosofía, ya se trate de creaciones tecnológicas (como las de Steve Jobs) o de las más antiguas creaciones (como la de "sustancia" en Aristóteles).

Si se piensa que un concepto atiende a un sistema, y funciona en él como una máquina de pensamiento, este concepto no sería aquel fuera de ese sistema, es decir, es un concepto inútil, sin capacidad de afectar al sistema en el que se incluye, y es así en todos los conceptos de nuestra realidad.

Así, si piensa en un concepto en publicidad, la diferencia relevante estriba en que el artilugio que representa los valores de ese concepto, ejemplo: iPad — cuesta una respuesta, que en publicidad casi siempre es dinero. Usted puede experimentar la conexión en tiempo real con sus círculos cercanos, enviarles fotos, comunicarte con las grandes marcas en tiempo real, y para eso usted tiene que hacerse con un artilugio como el smartphone o el PC. En el sistema de la comunicación tecnológica, formarse un concepto de Smartphone necesita de un mapa conceptual arraigado a la comunicación entre artilugios tecnológicos.

2.4 – MARKETING Y PUBLICIDAD CONTRA FILOSOFÍA.

El marketing y la publicidad como depredadores de conceptos no sirven a la persona, sino que es esta quien los sirve. Aquí la idea es siempre algo inerte, inútil y poco provechoso para el hombre, así son los conceptos del marketing empresarial de los publicistas, y que sirven de poco, pues no son filosofía - decía Aldo con rabia breve.

Y se imaginó:

Que un publicista acopla una idea para un cierto producto, es un directivo de una empresa quien se pone en contacto con este publicista, y con la intención de hacer crecer las ventas de su producto, el publicista se pone a trabajar en su campaña de marketing.

En fin, digamos que es una marca de chocolate, inmediatamente se propone unir la imagen del producto a una sensación de deseo intensa, a una mujer guapa, con ojos grandes, que sonríe, se excita al morder, etc. Todo es muy esquemático - hay cosas que funcionan y otras no y lo mostrará la estadística - y la moda guía a su manera, hay algo actual, hay algo deseable, unámoslo al producto que más nos convenga, el trabajo del publicista no sale mucho más de este pequeño enredo conceptual - se seguía diciendo algo frustrado este autodidacta.

¡Inventar una idea, inventar un concepto, no es algo que hagan los publicistas, eso siempre ha sido trabajo del filósofo o del pensador!.

El trabajo conceptual del filósofo, en cambio, es una potencia del pensar. Y nunca es trabajo terminado, y empuja a pensar otras ideas a raíz de las ya pensadas. Muy mala filosofía tendría que hacer si usa deseos animales para atraer su idea a las mentes más perezosas (que era lo que quería expresar Aldo con aquella rabia), ¡mala para el hombre por componerse de más afecciones que impresiones!.

Pero, en cambio, creía que el pensador que convence con la razón, sin desestimar el encanto de la palabra hablada, era el mejor entendido, pues es quien crea la idea que sirve al hombre, como una herramienta, algo a utilizar y a mejorar.

El publicista solo crea un anuncio que seduce al hombre, que obliga a este y a sus instintos a apetecer dicho producto, pero solo hasta que la persona se adueña de ideas, hasta que hace filosofía.

Si la persona comprende la idea bajo el producto, la publicidad no le gobierna, en cambio, se gobierna ella.

2.5 – RUTINA, PALABRAS TOSCAS Y DEMÁS REPETICIONES INÚTILES.

Quizá pensaba este Aldo en eso de las impresiones, que por aquí iba creyendo que en este mundo tan lleno de estímulos que te atrapan con sus imágenes y que movilizan sus afecciones: sale muy caro pensar.

Y que los conceptos o lo que se deja en su lugar están pensados para que el sujeto no piense, para que la afección le lleve a la acción de comprar tal producto. Y ante esto, ¿qué puede hacer la filosofía?

Así decidió que hacer filosofía es una utilidad que la mayoría de los individuos no entienden, ¿para qué sirve la filosofía?, para saciar una necesidad primaria que se constituye en el acto de hacer concepto.

En nuestro tiempo se acepta que los filósofos eran útiles hace dos mil años y no ahora, o hace 500 y no ahora. Cuando en realidad es esta la época donde más filosofía se hace y donde más se necesita de su acto.

Lo que pasa —martillo en mano— es que nuestras cabezas se parecen más a cajas de comida rápida que a cuerpos sensibles, palpitantes y acechantes. La idea siempre ha sido dominio del hombre individual y la sociedad el refugio de abstracciones. Esto es claro – pensaba - al evaluar en el paso de cientos de años las ideas de grandes hombres que dominaban circunstancias y lugares, sus conceptos pasaron a dominio "del pueblo" —o de esa densidad de personas guiadas— en muchos casos ya debilitadas, cuando no eran útiles para pensar el tiempo actual y carentes ya de fuerza, solo relevantes como reducto histórico.

En este sentido, lo actual nunca ha sido dominio de muchos. Y ahora, en nuestra época vivimos más sociales que nunca, la información social es muy abundante y nos llega por todos lados, ya está en la televisión, radio, internet, prensa, etc. Todo está mediatizado con las primeras marcas, los conceptos principales a entender —esos que están en todas

partes— forman parte del marketing de un nuevo móvil, un coche, una idea de negocio, y, ¿dónde queda el concepto que activa al hombre y lo sube sobre sus hombros? Este es el concepto que interesa y el más difícil de encontrar. Son todo productos a la venta.

Conceptos a la venta. Y necesidades inventadas para generar ventas sobre un producto. Pero no todo son afectos en venta, es solo una apariencia poderosa, pero no toda la realidad conceptual disponible. Sé - me decía - que en los canales mercantiles todos los conceptos que llegan a los sentidos son de pago, esos conceptos llegan a ti porque hay demanda para que entren en tu cabeza, en este sentido, hay un interés en que pienses eso que quieren que pienses. Por otra parte, un interés notable como cualquier otro y de pago.

El concepto útil nunca fue fácil de encontrar, Maquiavelo no regaló su libro "El Príncipe", ni expuso públicamente alguna idea contenida en él, hasta el día en que fue apresado por objeto de traición a la orden de Lorenzo de Medici, en Florencia. Fue entonces cuando desveló su secreto al Gobernante, disfrazado de conformidad ante la aristocracia, solo a la espera de cierta gratitud que le valiese para escapar de la mazmorra.

Se ha de tener en cuenta que el libro de Maquiavelo cambió la concepción política de su época, ya después de él quedó al descubierto la moral del aristócrata. Así como los libros de Sade, de la clase rica y "pudiente" de esta época tan cristiana, asentada en los altos placeres de la sociedad, y sabedores de la impenitencia del Cristianismo, que guardaron su secreto celosamente.

O Spinoza, que no desveló su "secreto" hasta después de muerto sabedor de que podía ser perseguido por todas las religiones pudientes de Ámsterdam, y quizás también, de que su libro no iba a ser comprendido hasta cientos de años después de su muerte. Los libros de estos tres pensadores - siglos XVI a XVII - guardan las miradas externas de la afección, se intercambiaban entre círculos cerrados, no accesibles para cualquier individuo.

También hubo épocas más recientes donde la filosofía de los grandes nombres brotaba como interpretación verdadera para el autodominio y el saber. Pero estos eran años en los que los filósofos gozaban de buena salud: Deleuze, Foucault, Heidegger, Wittgenstein, Schopenhauer, Kant, etc. O los antiguos griegos: Platón, Aristóteles, Pitágoras y Tales de Mileto. ¿Quién había más famosos que ellos?, ni un futbolista, ni un tertuliano, ni un "famosillo de su casa" como los de ahora.

Aunque seguramente en estas épocas no se conocían en profundidad las ideas de estos grandes filósofos, tanto como sus nombres, salían en las noticias, los dictadores de uno y otro bando hablaban y apoyaban a unos u otros, en el diario se decía del orgullo que ofrecía tal pensador para el pueblo que fuere, etc.

¿Y la idea? Aunque pocos accediesen a ella, podían hacerlo, eran épocas más accesibles a las palabras y los libros. Y las ideas se mezclaban poco a poco entre los individuos, los afectos mutaban en otros productos que generan una acumulación de impresiones, y las ideas necesitaban nuevos conceptos.

Ahora, que decir de la época actual, ¿se hace filosofía?, más que nunca. La filosofía está en todos lados, el hombre que piensa por sí mismo, el que inventa su idea en su concepto como una tela de araña, hace filosofía. Y el gran pensador existe, no muy conocido por su nombre, pero no cesa. Y ya no es ese catedrático de filosofía, ni el profesor de universidad, y si lo es, no lo es por su labor en el aula. Si no por su labor de inventar la idea, la forma, y el acoplamiento. Hoy no hay demanda suficiente, pero los canales de información son más transversales y accesibles que nunca gracias a Internet y las nuevas tecnologías.

El hombre que piensa y descubre tiene una especie de colchón invisible que ahuyenta el ruido mediático y el concepto de pago, ya que posee conceptos autocreados y no depende de los creados externamente por los canales mercantiles modernos.

2.6 – 10 SUGERENCIAS "ALDONIANAS" PARA HACER CRÍTICA DE SU FILOSOFÍA.

Por todo lo pensado con anterioridad, este filósofo en ciernes decide establecer unas sugerencias para realizar crítica filosófica.

Para hacer crítica ya no bastaba con agarrar un lápiz y escribir sobre lo primero que "impresionaba", a partir de este momento se le hace importante considerar algunas sugerencias – se decía:

1 - Un texto filosófico crítico no permite la opinión, por ejemplo, puedes estar frustrado o triste por un suceso, en ese caso construye la visión que dificulta la solución del problema, la forma que impide el uso del concepto por los individuos.

2 - La actitud crítica surge de la admiración y rechaza el sometimiento y el fanatismo.

3 - Se opone a la actitud espontánea de la "suerte de la impresión" y hace que el actor se cuestione la vida que vive, y la desarrolle respondiendo primero a la urgencia de supervivencia.

4 - Criticar es un "vivir despierto", "en alerta", "al acecho", no habituado al mundo, sino en un constante inconformismo.

5 - Hacer crítica es una invitación a huir de la ignorancia y a tomar como guía el uso de la propia razón, para ser libre y evitar el sometimiento y los dogmatismos.

6 - Hacer crítica es "humanizarse", porque realizamos lo que nos vuelve más radicalmente humanos: pensar, reconocer nuestras afecciones y afectos, y descubrir qué deseamos.

7 - Hacer crítica es no seguir "adelante", sino detenerse cada vez más inequívocamente en lo mismo, para diferenciar contradicciones.

8 - Sin hacer crítica, el devenir de las ideas lleva al individuo al arrepentimiento, que es una tristeza del ánimo, que es una pasión producto de no conocerse.

9 - Las sociedades libres en que viven los individuos no son garantía por sí solas de la utilización de conceptos sanos y adaptados, los individuos no son libres si no se critican antes a sí mismos por muy libre que sea la política democrática en que viven.

10 - La "filosofía analítica", como la investigación que pretende establecer los fundamentos y límites del ejercicio de la razón, no constituye un análisis certero, sino fluido y cambiante. Pues no es posible desde el conocimiento sintético llegar al conocimiento conceptual, a no ser que nos engañemos creyendo que es una gran diferencia entre ellos la cantidad de enunciados que usa la "filosofía analítica" universitaria.

Con estas diez frases a modo de enunciaciones humanitarias, se creía el tal Aldo que lo que pensaba servía para algo, es decir, que servía para sí, o para guiarse bien en el mundo.

Y lo que pasaba es que este autodidacta entendió que la necesidad de hacer crítica no viene del goce por la filosofía, que es lo último. Esta no llega al individuo por el hecho de comprobar desde el propio cuerpo como funcionan las ideas aprendidas, sino por la ociosa costumbre de reconocer las contradicciones de las ideas que poseemos en nuestro entendimiento.

2.7 – NI LA GUERRA DE LAS IDEAS EN LA CULTURA, NI A LA CULTURA DE UNAS IDEAS.

Como influye el aprendizaje en los saberes y la cultura, esta es la pregunta que esta vez se hacía Aldo y esto es lo que pensó:

Día a día se escuchan personas dialogando sobre la importancia de la cultura. Pues parece que esta actúa en muchos casos a favor y pocos en contra, miren a quien tiene cultura y sabe y conoce, y lo verán por encima del resto, aquí: ¿estarán de acuerdo?, ya saben, esto es algo importante para crecer personalmente, muy lógico y a poco que observo veo personas cultas desenvolverse con dominio.

También hay pensadores que no pretenden esto, pueden tomar a Deleuze como ejemplo; en una ocasión Claire Parnet preguntó al filósofo (en el abecedario) la razón por la que este afirmaba no ser culto, a lo que Deleuze respondió con algo sencillo, "lo que quiero decir es que no tengo ningún saber de reserva".

Tras esto, si comenzamos por la definición de cultura; la cultura aparece como algo terminado, es importante tener esto en cuenta, es algo terminado y hermético, quiero decir que es difícil alcanzar saberes externos a esa cultura si uno se encuentra muy inmerso en ella.

Si piensas en las antiguas culturas maya o egipcia, cuán difícil es conocer sus símbolos para un occidental. Si piensas en una cultura contemporánea se puede diferenciar más fácilmente la cultura subterránea, la del gueto, la de esos grupos que viven en chabolas a las afueras de la ciudad, y la cultura de clase alta, ellos viven en grandes casas en el centro de la ciudad.

Hay al menos dos subculturas con dos grupos de saberes, regulados por formas y códigos para su uso y utilidad. Bien, aquí todo el mundo sabe y seguro recordarán películas en las que individuos de culturas separadas se conocen, y de las dificultades que encuentran al hacerlo.

En estas películas solemos apreciar momentos sorprendentes y cómicos, procesos de culturización incomprendidos, el guion es muy simple, por ejemplo: dos personas alejadas culturalmente intercambian sus cuerpos, uno de ellos un ladrón y la muchacha una quinceañera sexy, tras el cambio, al principio ambos utilizan sus saberes aún en el estadio de cultura anterior, e irremediablemente (no queda otra) los saberes se amoldan a la nueva subcultura.

Si comprendemos el movimiento, hay que salir de la cultura para volver a entrar a la cultura, realizar un proceso de desterritorialización para volver a territorializar algún otro espacio cultural.

¿Y aquí qué se gana?, parece mucho más cómodo acomodarse en una cultura, con sus saberes bien formados y sujetos, pero encontramos grandes pensadores cuya filosofía de vida se rige por escapar a la cultura. Como Deleuze, su diversión son los encuentros entre culturas, su angustia encarcelarse en una cultura. El habla de los encuentros entre saberes dentro de determinadas culturas, él no pertenece a ninguna cultura, quiere conseguir un bagaje de saberes no incluidos en una formación cultural, que es una experiencia que abre posibilidades de más encuentros.

En conclusión. Seguro que les gustaría - como a aquel observador del futuro - convertirse en personas sabias y cultas, o seguramente no mucha gente despreciaría estos atributos, pues ya que estas son capacidades difíciles de conseguir, por la misma razón son muy valiosas.

Y con esto queda dicho que este Aldo autodidacta creía que la cultura y el saber se comunican, pero que también se podían estorbar.

2.8 – A VECES DECIR MENTIRAS ES UNA POSIBILIDAD SI NO SE BUSCAN "GRANDES VERDADES"

La mentira está en todos lados, pensaba Aldo, ya no sé qué creer ni si puedo creerlo, pero no me queda otra que seguir confiando en mi experiencia, aunque a veces no confío. Y de estas dudas siguió describiendo lo que sigue.

Si, ahora trae sin cuidado la importancia de lo que digo, y si observo la importancia como el resultado de una variable estadística o como una medida social sobre mayor o menor conveniencia, entonces las cosas importantes carecen de valor individualizable.

Mientras realizas composiciones, tratas de unir símbolos, lo considerable aquí reside en lo ilógico de la unión, normalmente, mientras más separados se encuentren dos puntos ideológicos, más bello el encuentro entre ambos, conforme a un efecto poético de afirmar lo inimaginable, por ser creativo el desarrollo de lo antes imposible.

Y la mentira - elevada como lo está, al nivel de la meditación, es una pieza importante del juego simbólico, la astucia de afirmar mentiras mediante pequeñas verdades consigue que el filósofo aprendiz comprenda que la "verdad" consiste mayormente en explicar puntos de unión en un juego de conceptos.

El objeto de esta filosofía de la mentira como proceso alegre se encuentra en la búsqueda de como otorgar a la potencia, amplitud de acto, en la facilidad para hallar una posición física concreta, en un objeto más grande.

Como escritos de cualquier persona en un diario impersonal, realizar un "entramado mentiroso" no es cosa de mirar al pasado, lo que ha ocurrido este día, o hace un mes no es muy valioso. Se piensa en que la búsqueda de lo no pensado da paso a nuevas formas, en mentiras con derecho a la vida y a la reflexión, que es la labor no reconocida —por los filósofos actuales— del oficio.

Una búsqueda individual contra los símbolos, siempre individual, pero unida a infinitos posibles puntos de encuentro, sin dogmas religiosos o políticos, si todo lo pensado es propio, convencerse de la propia existencia social es la mayor alegría individual. Y esto dentro de la mayor mentira filosófica.

En los casos de un individuo que incumple la ley, puede que especule sobre el coste monetario del crimen y la ilegalidad del cuerpo político.

Su exposición se corresponderá —seguramente— con una crítica de la sociedad que requiere no reconocer a la sociedad.

Como el criminal es quien piensa sus actos puede o no coincidir con el veredicto del juicio, tiene muchas veces una razón pervertida muy concreta con razones muy íntimas y alejadas de la mayoría de individuos, no hay empatía, no se mueven por afectos parecidos y mucho menos por las mismas afecciones, imágenes, enunciados o representaciones del hecho criminal.

Y se quedó tan pancho Aldo diciendo que los criminales no tienen "empatía", y no solo quedó ahí esta especulación, sino que desarrollo el siguiente texto aún más concreto.

2.9 – QUÉ ES UN CRIMINAL.

Decía Aldo que un criminal es alguien que comete actos delictivos o lo ha intentado, y que solo hace falta un atributo para consagrarse; Tener cierta racionalidad en la consciencia del crimen. Un criminal es un individuo que se sale del orden legal establecido para generar algún beneficio a él mismo u otro individuo o grupo social.

La orden de ley es la forma opuesta a la criminal.

En economía la asignación de recursos la hace el mercado. Se trata de un mercado que funciona sin problemas, y solo en los casos en que no exista una ley es posible que entren en acción tanto la amenaza como la violencia explícita —en lugar de los precios y la negociación— y sea este el medio por el cual los recursos serán asignados a través del miedo.

Esta forma de reparto siempre beneficia al más fuerte —o al más temido— y se basa en la corrupción como forma metodológica. La orden de ley existía con total seguridad en las cuevas prehistóricas como forma de regulación del bagaje material en aquellas agrupaciones. Se hace obvio reconocer al ser humano como un animal social que ya nació por propia naturaleza con la orden de ley bajo el brazo, así como los cánidos nacen con ella incrustada en su lenguaje a base de ladridos.

El coste de oportunidad del delincuente en relación con la economía de mercado, por su parte, valora los beneficios y costes de cometer una acción, un delito.

Según las estimaciones que estos realizan, se cometen diferentes tipos de delitos, lo que lleva a considerar que existe un mercado de actividades delictivas. Y como todo mecanismo de mercado, posee formas de asignación de recursos y recompensas por ser más productivo en la actividad que se desempeña.

El coste óptimo para ejercer la orden de ley contra la criminalidad incluye el hecho de que el estado no puede erradicar ni castigar todas las formas de crimen, pues tendría un precio infinito para unas arcas públicas y llevaría a la extinción de esa sociedad; a continuación tomo como referencia las palabras de Gary Becker:

"Los ingresos dedicados a la lucha son más bajos cuando el coste de perder es muy bajo o muy alto, pero en una amplia gama de niveles de legalidad los costes sociales de no ejercer la ley son estables", esto quiere decir que hay una parte del crimen que se escapa, y que esta parte es más grande si hay mucha gente que delinque o si, por el contrario, hay muy poca, en cambio, en sociedades intermedias el coste de la criminalidad abarca una proporción de eficacia frente a su coste de financiación mucho más alta. En cualquier caso, lo importante; siempre hay una parte del crimen que se escapa.

Lo que me lleva a pensar —llevaba a este autodidacto— en que en los crímenes basados en aspectos emocionales o vengativos, el coste de oportunidad del criminal se desdibuja y tiende a los extremos, ocurriendo que el criminal sucumbe a su pasión de venganza y observa como barato el posible castigo a imponer (su venganza).

2.10 – FILOSOFÍA DE GUERRILLAS.

Como la idea de criminalidad que fue manejando este chico encuentra a su paso sumas de cuerpos políticos no muy bien pensados, ahora la criminalidad se forma en un cuerpo político que reclama legalidad, el concepto de criminalidad se auto-descriminaliza.

La idea de una filosofía de guerrillas o "filosofía como arte callejero" tiene por misión compartir un lenguaje común y despolitizado que no se encuentra dentro de alguna ideología.

Es, por decirlo de alguna forma, un intento actual - para Aldo era actual - de hacer que las personas piensen, pero para ello deciden eliminar el concepto.

Y por eso pretendió Aldo demostrar la incompatibilidad de dicho movimiento con la filosofía, y los fallos lógicos en que incurre, analizando los puntos principales en los que cree este movimiento:

1# - **Filosofía y arte:** Allí, en las lecturas de este tipo de filosofía callejera, se dice que la filosofía es un arte callejero. Pero la filosofía se esfuerza en la creación conceptual (aunque sea anónima y callejera) y el arte en la perceptual. Sin duda la percepción y el concepto no son lo mismo ni incompatibles, pero sobre todo no puede tratarse de crear un percep-concepto que sería una formación confusa y abstracta.

El percepto bien puede usarse para poner en escena o mostrar una situación afectiva común que guíe y sirva al concepto por crear, y en realidad ¿cuándo no ha sido esto así? Lo percibido muestra las más de las veces la impresión que tiene alguien sobre un concepto inútil que se vale de pasiones para "engañar". Es decir, que si tras lo que se percibe no se produce un concepto asociado a un significado claro y específico, y no a significantes afectivos - o afecciones - no puede haber filosofía, no se puede hacer filosofía.

Y esto es lo que pensaba este autodidacta, aparentemente dolido por el mal uso de su idea de percepción.

2# - Filosofía y guerrillas: Sobre la filosofía y las guerrillas, o esos grupos que comparten conceptos, afectos y perceptos, creyó que no son incompatibles. Pues decía que entraba dentro del ámbito de la amistad. Y como del conocimiento de dos o más cuerpos que conocen sus afectos, cabe hacer filosofía, como se hace ese esfuerzo por librarse del símbolo, del significante y la afección, es decir, por estrechar los límites de esos cuerpos que se comprenden y que por ello se tienen amistad.

Y por la razón antes dicha más la que dijo a continuación concluyó que la filosofía si es guerrilla no es filosofía: pues si una filosofía se encarga de conservar sus afectos, frustraciones, símbolos y otras formas de tristeza que comparten esos cuerpos amigos no hace filosofía, y, en cambio, si la hace si los destruye para crear un significado común más útil a ellos mismos. La filosofía solo podría existir en la guerrilla si se esfuerza en destruir el propio grupo guerrillero, el propio sentido de lucha unitaria, lo que es un sinsentido.

Se dijo este Aldo tras confirmarse todo lo que sentía sobre las cosas tan contradictorias que había leído.

Y prosiguió con su ataque:

3# - Guerrilla fuera de la ideología: La guerrilla dice que es un movimiento fuera del ámbito ideológico, múltiple, descentralizado y despolitizado. Así que se puede afirmar que, para que

dicho enunciado sea verdadero los guerrilleros no utilizan símbolos afectivos, los conceptos - como herramienta aislada de las ideologías y sin relevancia afectiva - son creados por todos y comunicados por todos al mismo tiempo y de forma recíproca, siendo así un acto creativo y no reactivo. No luchan contra nada, sino que su esfuerzo reside en transformar la formación que ellos mismos representan en una forma apolítica.

Pero, no puede concebirse una formación despolitizada que al mismo tiempo sea capaz de comprenderse y transmitir conceptos, si se hace cada vez más independiente de unos individuos incapaces de definirse, o lo que es lo mismo, que hay dos opciones; Que los individuos se esfuercen en cuanto está en ellos y conocen a la no-organización en autodestruirse a sí mismos —como expone el punto anterior, o por contra que sí se incluyen en ideologías (que es lo contrario de lo que pretenden).

Y puestos aquí los fallos que encontró en su "autodidactura filosófica" a esta auto dicha "filosofía de guerrillas", pensó que esto no era filosofía ni algo más importante que el salir del sol por la mañana.

Y como creía que la crítica era una arma potente y además, el acto de repensar era el más útil en los mundos de la palabra y el lenguaje, publico esta citada crítica a esta tal filosofía en un artículo. Y creyó - como voy diciendo - que había contribuido a hacer un mundo mejor, y así como lo cuento se fue a criticar otra cosa, que fue la teoría del caos.

2.11 – UN VISTAZO A LA TEORÍA DEL CAOS PENSANDO GOTAS DE AGUA.

Y así de ser guerra, pelea, conflicto, crítica y más inclinaciones, las propias del autodidacta en este punto de su aventura, se percibió tan caótico que le dio por razonar:

Si es posible que una gota de agua se vuelva caótica, pues parece que la teoría quiere reducir una suma infinita de movimientos distintos a otros repetidos e iguales mediante la vibración continua de una gota de agua. Y, ya que una gota funciona en realidad como un estereotipo, pero posee una artificialidad de sus elementos que hace que la gota no pueda conservar sus propiedades como un conjunto, como un charco o un mar.

Le hizo pensar que la destrucción de la idea de agua en gota sucede por la intervención repetida e igualitaria, se supone que no hay diferenciación entre repeticiones. Es decir, se supone que al partir el agua en "trozos completamente iguales" habrá gotas completamente iguales.

Pero la Teoría del caos dice algo diferente, veamos, esta teoría es una denominación popular de la rama de las matemáticas y la física que trata ciertos tipos de comportamientos impredecibles de los sistemas dinámicos. Los sistemas dinámicos se pueden clasificar básicamente en: Estables, inestables y caóticos.

Un sistema estable tiende a lo largo del tiempo a un punto, u órbita según su dimensión (atractor o sumidero). Un sistema inestable se escapa de los atractores. Y un sistema caótico manifiesta los dos comportamientos. Por un lado, existe un atractor por el que el sistema se ve atraído, pero a la vez, hay "fuerzas" que lo alejan de este. De esa manera, el sistema permanece confinado en una zona de su espacio de estados, pero sin tender a un atractor fijo.

Una de las mayores características de los sistemas estables e inestables es que tienen una gran dependencia de las condiciones iniciales. De un sistema del que se conocen sus ecuaciones características, y con unas condiciones iniciales fijas, se puede conocer exactamente su evolución en el tiempo.

Pero en el caso de los sistemas caóticos, una mínima diferencia en esas condiciones hace que el sistema evolucione de manera totalmente distinta. Ejemplos de tales sistemas incluyen la atmósfera terrestre, el sistema solar, las placas tectónicas, los fluidos en régimen turbulento, la formación de gotas de agua a partir de un recipiente y los crecimientos de población, por ejemplo.

Pero el que es más importante para Aldo, que también predice esta teoría, es la generación de ideas por la humanidad que respondan al conjunto, ¿cómo se hace posible?, ¿qué esperanzas tenemos?

¿Cuántos atractores en formas de marketing publicista existen en un momento dado en el mundo, que a su vez afectan a los millones de gotas, que son los pensamientos individuales que quieren juntarse entre sí?

El pensamiento es infinito y caótico, ¿qué hago para ordenarlo en favor de todos?, pensaba este autodidacta ansioso.

Y se acercó a algo que le serviría de ciencia objetiva y para ayudar a otros.

2.12 – DE UNA ESTEREOTIPIA DE LA GOTA HACIA UNA CIENCIA PSICOLÓGICA.

Pensaba ahora, qué es la ciencia psicológica, y como serán los estímulos que nos atraen a ella.

Y desarrolló: ¿Qué es psicología?, y ¿Cómo se forma esta ciencia?, y formuló una definición como esta; La psicología como saber es una formación conceptual influida de tal forma, o forzada de tal forma a la acción que es capaz de utilizar unos saberes eficazmente para producir un cambio deseado por la persona que desea.

Por ejemplo, cuando habla un científico o un psicólogo, lo hace por el dominio que los conceptos referentes a esa ciencia le otorgan en la formación de los diferentes saberes o comportamientos. Es capaz de ayudar por tener capacidad de formar de ella saberes útiles y ponerlos al servicio de una empresa u objetivo.

Propongo el caso de la cultura psicológica, de la psicología como ciencia para esta reflexión, porque es quizá la ciencia que hoy por hoy progresa en mayor medida.

E, igualmente, es muy difícil de delimitar y observar —en ella— un proceso de culturización uniforme, puede parecer que la dificultad está en la definición si precisamos que: la psicología responde a cualquier grupo de saberes que contribuyan al estudio del comportamiento humano.

Encontramos muchos saberes de formaciones diferentes, algunos ejemplos: La hipnosis, que habla sobre el comportamiento humano y sus relaciones inconscientes. O las disciplinas neurológicas que contribuyen con explicaciones químicas y biológicas en el entendimiento del comportamiento. También, si miramos en la estadística, tan importante y necesaria para reflejar los cambios de comportamiento en muestras y conjuntos de población, que contribuye de una forma organizada a plasmar las diferencias comportamentales (los hombres y las mujeres son, o los jóvenes y los ancianos hacen esto más que esto).

Por estas razones, cualquiera puede adueñarse de su definición, y decir yo soy psicólogo, yo utilizo una serie de conceptos que me ayudan a prever el comportamiento humano, incluso el que utiliza una buena psicología popular, con sus saberes como fruto único de la experiencia.

La psicología, por lo tanto, parece que está a medio camino, no se convierte en una ciencia hermética completamente, y permite la regulación de las ideas que completan los saberes del psicólogo con la creación de nuevas fórmulas.

Es una "ciencia" destinada a no formarse completa, a siempre poseer devenires y funciones nuevas en relación con el comportamiento humano. Decimos que los saberes psicológicos no se pueden encontrar en culturas aisladas si pretenden obtener su máximo beneficio. Por ejemplo: la cultura conductista como cultura aislada, sin el contacto con las experiencias humanas, se formaría como un abanico de teorías para museo, sin la capacidad de ser usadas, de actuar.

La psicología es la ciencia que más necesita de la invención del filósofo, o de otra forma, la que más se siente influenciada por las creaciones filosóficas, pues el comportamiento humano como objeto de la ciencia, es móvil, veloz, ágil. Mucho más depende la psicología de la filosofía que las matemáticas, que la teoría biológica, o la historia, etc.

Es el ser humano mismo quien decide como es, el filósofo es un ser humano, y cuando el filósofo crea algo no tiene por qué ser consciente, puede no saber que ha creado algo, pues la mayoría de los filósofos son personas normales, algunos campesinos, algunos hombres de negocios, que inventan conceptos porque les es vital.

La psicología juega con una incapacidad como ciencia, la de incluirse en una formación sistematizada, allí quienes se aventuren encontrarán continuos fracasos.

¿Puede alguien imaginar la disciplina psicológica útil en una lengua extraña?, es decir, al modo de una lengua de signos como las matemáticas, que inventen códigos y funciones útiles únicamente para quienes sean capaces de interpretar. La psicología necesita de la filosofía, de sus saberes concretos y de su capacidad de invención.

Cualquiera que piense sobre la disciplina psicológica observará que el objeto siempre es la persona, los cambios se originan en la base del hábito a base de voluntad, de consciencia y repetición.

El filósofo hace otra cosa, él es más elegante cuando usa la palabra y su influencia, el concepto es fuente de vida, y una forma consciente de cambiar el hábito a fuerza de creatividad.

Solo un problema podría encontrarse, el de la inmovilidad del lector, el lector necesitado de guía no se encuentra cómodo entre filosofías (y se vuelve frágil entre psicologías).

3 - CÓMO SABER QUE HE APRENDIDO DE LO QUE NO SABÍA DEFINIR.

3.0 – ¿QUÉ ES LO QUE HA MUERTO, SI ES QUE HA MUERTO ALGO?

Para Aldo había cosas como la filosofía no podían morir, y es que era lo que lo mantenía vivo. Y así reflexionaba en textos como este lo que a continuación escribió:

Decía que hay cosas que no pueden morir aunque intenten hacerlo, que como un reflejo de la moderna filosofía naciente hay materias que no pueden morir, no está en su cuerpo la posibilidad de no ser. Siempre hay una necesidad por individualizada que esta sea de que escapen a la muerte materias como la Filosofía.

Decir Dios ha muerto se ha vuelto un acto muy barato en estos tiempos, fue Nietzsche quien primero introdujo esta moda en Así habló Zaratustra para que acto seguido, se recopilasen multitud de paralelismos, la filosofía ha muerto (aplastada por la publicidad), la novela ha muerto (ahogada por el cine y los espectáculos), y, el arte ha muerto (seguramente dirán que suplantado por la prensa rosa).

A simple vista parece que la muerte funciona, oiga usted, pero, ¿qué quiso decir Nietzsche con Dios ha muerto?, está claro que arremetía contra el individuo y sus creencias, ¿cómo es posible que muera Dios sino?, solo el individuo que llama Dios a unas cuantas ideas muertas, y, al mismo tiempo deja de creer en ellas está matando a Dios (lo que ocurre es que en tiempos de Nietzsche se trataba de una verdadera plaga cristiana en Europa)-

La frase de Nietzsche no consiste en la muerte de la espiritualidad de forma genérica, al igual que los contemporáneos que proclaman la muerte de la filosofía, quizá se trate de la muerte de las ideas divulgadas en nuestros tiempos, o de una extrema vagueza conceptual enmarcada en todas las redes publicitarias, más, eso no quiere decir que la filosofía, y las creaciones que a esta acompañan vayan a morir, igual que no puede morir la espiritualidad, tampoco puede morir la individualidad filosófica, ni sus futuras creaciones.

Como se ve este autodidacta que se adentró en la filosofía asustado y por necesidad de palabras, no es que encontrará muchas, pero de las que tomaba prestadas ahora se disponía a utilizarlas. Criticando con ellas lo que veía.

Y este hecho le hacía preguntarse sobre lo que hacía, y sobre él.

3.1 – ¿QUÉ ES UN ACTO CRÍTICO EN EL DEVENIR DE LA INDIVIDUALIDAD?, O ¿CÓMO ME INFLUYE LO QUE HAGO?

Para Aldo la individualidad la formaban todos aquellos pensamientos que te hacen único y que han sido creados por ti. Y la identidad era todo aquello que te identifica, y te hace actuar conforme a lo que se espera de ti.

Y ¿qué es un acto de crítica?, a primera vista parece un atributo de la inteligencia, y es que se dice que la crítica evita caer en un engaño. Cualquier persona que utilice su capacidad crítica está elevando su identidad sobre unos acontecimientos que no le benefician, se utiliza identidad, en referencia a un grupo de creencias determinadas que forman el conjunto identificable, y esto es lo que hace el crítico, identificarse hacia el espectador y contra el predicado como un sujeto de determinada una opción cultural.

Por esto, cuanto más se esfuerza uno en la crítica, menos habla del predicado y más del sujeto personal "yo", y menos se habla de la cosa y más de uno mismo, pero de su parte más íntima, de sus afectos truncados y de sus más perfectas impotencias.

Parafraseando a Spinoza, se podría decir que si no hay crítica estás perdido, son momentos en los que un ser vivo deja de existir si no evaluamos nuestros argumentos sobre nuestra realidad, y esto solo por el refugio carnal que utiliza —que es la identidad social y cultural. Pues ya en el acto de creación crítica, el foco de nuestra atención apenas se sitúa antes de una fuga displacentera, y es justo para obstruir la salida a la consciencia que se desvía del pensamiento por otras rutas.

Por ejemplo cuando nos insultamos o insultamos a otros, lo que estamos asumiendo es que el otro o la imagen de mí mismo es un estereotipo y se encuentra fuera de su realidad de una forma dolorosa, es algo sin razón de existir, hay una ruta que lo identifica por canales comunes de ansiedad, hostilidad, frustración o tristeza. La localización del peligro en estereotipos y heurísticos representacionales, no me parece sino una vagancia meditativa que escapa a la opción creativa, esto es, a la concreta.

Pero, ¿cómo puede dejar de existir un ser vivo en el insulto?, esta afirmación se refiere a la continua formación de individualidad, la que se detiene y estanca, cae en el "no ser", pero siempre hay un movimiento defensor de la identidad, o en su caso, en forma de ataque hacia la identidad opuesta: está la respuesta, la pelea, el enfrentamiento, y si no se actúa, entonces se deja de existir —en sentido Espinosista, pues no es posible la vida sin, a la vez, ampliar la potencia que tenemos como individuos.

En la crítica nunca se halla un nuevo refugio en el que quedarse, la crítica es potencia argumentativa, es cariño a si o al otro. Hay un placer en el camino de la crítica, continuamente se aumenta la identidad y el sistema de creencias. ¿Qué puedo pensar?, o ¿cómo puedo existir?, son preguntas de la crítica de los argumentos.

3.2 – LA FINITUD DE LA LÓGICA ENUNCIABLE.

Un filósofo lógico sabe al final que su lógica es finita, no puede hacer rígido un sistema sin fallos lógicos porque las palabras cambian de concepto en el conocimiento de los individuos, siempre son mutables y finitas. Mis palabras y a lo que se refieren así son - se decía a menudo - pues cambian tanto lo que son, se convierten tan rápido en nada que la palabra no puede estar ahí siempre sin unas veces morir y otras volver a nacer.

El filósofo tiene que inventar conceptos para encapsularlos en ideas dentro del conocimiento de su tiempo, tiene que crear conceptos para pensar el mundo moderno, ya que los antiguos no sirven sin el conocimiento tácito de la experiencia, ese conocimiento que al mismo tiempo es la suma de las costumbres de una época histórica más sus conceptos en sus palabras, es decir, el filósofo desarrolla el sentido del contexto histórico para hablar con claridad.

Hubo un filósofo llamado Wittgenstein que se ocupó del lenguaje lógicamente perfecto. Me preguntaba:

¿Qué es lo que efectivamente ocurre en nuestra mente cuando empleamos el lenguaje con la intención de significar algo?, y, ¿qué existe entre pensamientos, palabras y proposiciones y aquello a lo que se refieren o significan?

Fue un filósofo muy "humano", cuando joven valiente, ansioso y grande de "espíritu" al publicar su Tractatus filosófico y en la madurez, tras examinarlo -el libro- y examinarse, quedó completamente derrumbado dándose cuenta de la imperfección de la obra —que estaba hecha para ser perfecta— por ello es un filósofo para ser estudiado sobre todo en su segundo trabajo inconcluso, Investigaciones filosóficas.

Investigaciones Es media obra y luego cientos, una maravilla a terminar con apuntes sobre sus "errores".

Puedo decir que no considero indispensable la obra de Wittgenstein para ser estudiada, ya que voy creyendo que no está terminada la creación de sus conceptos con más validez y solo la representación de la idea con un significado individual y múltiple, y no como imagen de lo representado, o la creación de una forma conceptual demostrada que al mismo tiempo presente forma irregular y cambiante, y que siga conservando un sentido lógico y demostrable, cosa que no consiguió el filósofo en sus investigaciones filosóficas (y que realizó de forma alegre Spinoza en torno al 1600).

Pero, la importancia de este pensador es tremenda, ya que dio paso a todas las representaciones de una filosofía intermedia para el hombre, no a la búsqueda de lo perfectamente ordenado, sino a lo vivo por encima de todo, a la intensidad del filósofo que busca sus límites. Al concepto como formación cultural y entendible por su significado y, en fin, a los múltiples e infinitos placeres a los que puede llegar un mundo a través de un lenguaje. Ahora la filosofía se ha liberalizado y en gran parte es gracias a Ludwig Wittgenstein (o gracias a sus errores).

Un filósofo que no quiso morir filósofo, no se creyó sus propias palabras y no hizo sistema. Pero tras su muerte muchos se libraron de su propia jaula y por eso creo que el mundo se lo agradece.

Proponerse ordenar el mundo como algo lógicamente perfecto es un increíble proyecto, más, no era esa la alegría que buscaba él ante-dicho filósofo, en realidad su meta era mucho menor. A Wittgenstein le hubiera gustado haber hecho filosofía con humor, el autor es muy inestable y múltiple y toda su vida se esfuerza en encerrar sus impresiones, en hacerse incapaz de alegrías del acto. Demostrar un sistema perfecto lo mata y en sus últimos días reniega de su trabajo.

3.3 – LOS PLACERES EN LAS PALABRAS CONCEPTUADAS Y LAS TRISTEZAS EN LAS PALABRAS ABSTRACTAS.

La capacidad superior del pensamiento simbólico ligada al logos no es algo aburrido. Nunca lo fue.

Reproducir la imagen de un jabalí en piedra para nuestro antepasado incurría en modelar el mundo real y el simbólico, transformar el cuerpo comunicativo común de todo un grupo, y acompañarlo de historias, en noches de lluvia dentro de la cueva —frente a las pinturas— la charla del pre- filósofo inundaba las paredes y tejía a la par el imaginario colectivo.

La palabra hablada fue antes que la palabra escrita en todas las culturas, así lo reflejan lingüistas y antropólogos - también Google, que solo ha encontrado el 2% de las lenguas que existen escritas en internet. Por esta razón hay que proponer al profeta, o al "filósofo del pueblo", como aquel que dominaba la palabra hablada y las formas de hacérsela entender al hombre antiguo.

Hay que meterse de lleno en esa época clásica y en el profeta con sus palabras enraizadas en pequeñas culturas de grupos, pues este tenía que girar la palabra contra sí misma, gritarla bien alto y agitarla contra la multitud para que esta gente pudiese entender algo de lo que encerraban estas. Estos profetas entendían realmente bien el poder de las palabras y los conceptos, frágiles por depender del entendimiento; si eran significadas aunque sea afectivamente por una multitud eran alzadas como estandarte, casi siempre significadoras de un gran número de aldeanos en grandes periodos de tiempo.

Este gran poder del profeta existía por lo lejano que parecía para el aldeano de estas tierras antiguas la palabra escrita. Pocos que sabían leer. Menos sabían descifrar. Y quienes pensaban que las palabras eran cosa de dioses eran mayoría, por ejemplo las palabras representaban la unión con Dios en la Edad Media, eran intelecto y no cuerpo para los pensadores religiosos, y se creaban en el intelecto que era cosa perfecta y común entre algunos hombres y Dios. Y eran pocos hombres quienes conseguían parte de la perfección de Dios y así lo entendían la ciencia religiosa y los individuos de las clases más bajas.

Toda esta lógica abstracta del no saber clásico se potenciaba con una relación comunicativa muy lineal y se diferenciaba mínimamente entre los individuos de la antigüedad, pues mientras unos debían de recitar poesía e imaginar escenas muy afectivas para llegar a hacerse una idea "mundana" de la "perfección" inteligible. Los otros que, por otra parte, recibían educación en lógica y materias naturales, entrenaban la razón y a esto se llamaba "la unión del intelecto con Dios".

En cambio, no tiene sentido para el sujeto autodidacta que las palabras nazcan de una inteligencia incorpórea ni perfecta, él entiende las palabras como forma construida, y recuerda la experiencia de nombrarlas y asociarlas con ideas, conoce el placer en la palabra y esto lo acepta como parte de su cuerpo que es imperfecto y mutable. Así, el autodidacta que ahora sabe que la palabra es un cuerpo como él.

De lo pensado o mejor dicho imaginado en los párrafos anteriores, el chico autodidacta tuvo en claro que la escritura es un sistema gráfico de anotación del lenguaje que "congela" el momento y lo convierte en duradero. Y también que es el mayor placer teórico, y le permite dar orden, probar sistema y proponer demostración. Así, le ofrece algunas ventajas que no ofrece el habla en el discernimiento de las ideas y su acoplamiento, pues ahora puede inventarse a sí mismo con mayor control y suficiencia, y es que cuando los conceptos que lo componen se ordenan en palabras escritas, lo hace (en parte) como en el "corpus" spinoziano conectado por múltiples partes a infinitos sitios, y formándose en un solo cuerpo demostrable y en otros tantos cuerpos axiomáticos.

Hay obras gigantescas y placeres infinitos, unidos en casos extraordinarios a las palabras escritas. El filósofo más útil es el que crea un sistema, con esto quiero decir que es el más útil para el lector con deseo de aprender y para él mismo, porque se hace capaz de comparar y discernir en una filosofía las virtudes de los conceptos entre ellos.

También hay conceptos únicos que se incluyen en sistemas no muy grandes, o en sistemas abstractos nada concretos, o no enunciados en conceptos claros que hacen incomprensible al concepto e incomprensible al filósofo que se esconde en formas abstractas - y muy poco útil la teoría porque está creada a medias. En fin, que este Aldo que aprendía solo iba creyendo que las ideas no están delimitadas en conjuntos y pueden significar diferencias no enunciadas que lleven a la contradicción abstracta.

Y que por esto un escrito tiene que hacerse entender, de otra forma no será muy diferente de un continuo de rayas y puntos en cualquier orden. El placer está en lo escrito simple, cuanto más concreto, más entendible, y de lo más concreto lo menos abstracto.

Pero aunque pensó esto, su filosofía era abstracta todavía, como estás apreciando ahora, mi caro lector.

3.4 – MENOS PASIÓN, MENOS AFECCIÓN Y MÁS LO SABIDO, ES DECIR, MÁS AMISTAD.

Si no recuerdo muy mal, y la verdad es que muy bien del todo tampoco, siempre pensé que eso de la afección iba de las potencias, aunque en realidad va de las resignaciones impotentes - se dijo Aldo. Pero como allí estaba y no he parado de decidir, solo puedo decir lo que dije en aquellos escritos sin cambiarle ni una coma, dejando tal cual el más mínimo concepto que entonces pensé.

Y este Aldo afinaba sus sentidos mientras caía entre impresiones que marcaron multitud de afectos pasados, afectos que han ido debilitándose conforme al primerizo en intensidad, creo, que ya solo irritan unas pocas células, débiles, vagas, algo confusas, que son minoría, el resto - con esmero, agrandan la impresión en enunciados.

Como le gustaría ahora encontrar a otro anticristo que vuelva para asesinar sus ideales, un asesino de ideas al estilo del viejo Nietzsche, o mejor, como Spinoza, el ladrón de guante blanco, ese que mató al loco a soplos pequeños y nació desnudo en la alta montaña.

Mientras este autodidacta revive otra idea con un nombre distinto - para reírme algo más de mi cara. El hecho que me impulsa es ver la alegría, y más que verlo sentirlo, un acto alegre, forzosamente Spinoziano, igual que hizo Deleuze: aumentar la potencia de actuar.

Así se aspira a más en alegría —creía que pensaba—, pero, caminando por calles anchas, por avenidas que se construyen sobre campo virgen y viejos callejones. Y, ¡que bien se pasea con tanto espacio!, si gustas paras a mirar un poco a los lados, pero poco, y es que si miras, entras, siempre investigando un poco más. Me encojo cuando encuentro una calle antigua, y limpio algo, y si hay tiempo me maravillo, ¿cómo he llegado hasta aquí?, vaya suerte, seguro que cambiando nombres me he liado, y así el mapa de la ciudad avanza, en alegría.

Con una herramienta como esta - un bolígrafo o un teclado de ordenador, visito antiguos conceptos donde gustaba de pasear y me otorgo libertad para alejarme algo más. Paseando encuentro a antiguos amigos y recordamos el encuentro, y comprendemos que seguimos potenciando más encuentros.

Amigos de todo tipo, encuentras que te acompañan en algo, pueden estar vivos, claro, son carne igual que tú y por eso: palpitan, sucumben, actúan, responden y reaccionan. Los hay también a nivel animal - afectos entre especies. Los hay antiguos, de hace 1000 años y más.

En la amistad irrumpe la construcción conjunta de un camino con una meta compartida, a partir de ahí hay amistad, la hay de todas clases: vivos, pueden ser tu vecino o un primo del pueblo, también borrachos, conócelos en los bares bebiendo o recoge un perro o un gato chiquito de la calle y complace sus afectos conscientemente, seréis amigos, descúbrelos conversando, descubre que les emociona, descubre que te emociona, y luego hazlo.

Pero conoce también a antiguos filósofos: conoce conceptos y recorre tu curiosidad con problemas infinitos, acompáñate del que más claro hable y consigue descifrar su problema, que será amistad lo que encuentres.

3.5 – EL AVANCE DEL DESEO COMO SIGNO DE APRENDIZAJE FILOSÓFICO.

Si hubo algo para Aldo que le hizo aprender, fue conocer los malentendidos de su tiempo, vamos que se encontró con Deleuze y la filosofía francesa del siglo XX, y aquí se expresó sobre ello:

Deleuze hace de discriminante de las múltiples individualidades en que cada deseo es capaz, es decir, codifica el Deseo en distintos "devenires-placer" de manera que le permite trabajar en análisis concretos, por lo que el deseo no es causa del placer, sino la incapacidad.

Los deseos serían a los placeres algo igual a una sombra, y no poseerán más existencia que esta, y si el deseo no tiene consistencia, ni duración (en sentido Spinoziano), entonces no existe, su figura consiste en el hecho de reflejar los signos amorfos y dispersos, a la espera de que, al fin, al amparo de su extinción, despierte un placer.

Pero, ¿qué es para Deleuze tener derecho a desear?

Él no dice en ningún momento tener derecho a satisfacer nuestros deseos, o en su caso, liberarnos de la pasión, pues, aun en los casos en que un deseo pueda ser fruto de una pasión, no por ello se puede liberar nada, no hay nada que liberar, ya que no existe, el deseo es invisible, incapaz de ser visto o inferido por sí solo, es necesario entonces —para Deleuze— "instigar" en la búsqueda de un territorio que hará las veces de mapa conceptual, para que ahí no sean ya deseos, sino devenires placeres, y si el cuerpo se ocupa en provocar a sus potencias y recorrer todos aquellos deseos, estará en camino de posibilidades placenteras.

Para Deleuze, un deseo no se satisface, se completa.

Un deseo no es, no existe, no hay nada para llenar ni de que desprenderse, un deseo —para Deleuze— es un placer subdesarrollado, que existe en el mismo mapa que los zombis y es, a la vez, lo más parecido a un fantasma. Por su inexistencia, por los suspiros y la ausencia de cuerpo.

Un deseo se completa si se arropa al camino de los placeres, entonces comienza a crearse y a formarse, y a agenciarse los afectos como propios, pero antes no había nada, y ahora son potencias y placeres en vías de desarrollo. Completar un placer es, a la vez, tener acceso a nuevas potencias.

3.6 – APRENDER A APRENDER EXPLICADO.

¿Cómo aprender a aprender por uno mismo?, se formulaba este chico que no parezco ya, y es que en cierto sentido hubo una época del miedo, del miedo a no saber, a no salir, del no saber.

Aprender a aprender quiere decir fortalecer habilidades que inciten al aprendizaje y la motivación para continuar aprendiendo de manera eficaz y autónoma, y esto implica comprender los propios objetivos y necesidades.

Cuando enunciamos el significado de "aprender a aprender" nos referimos al desarrollo de la capacidad del individuo para reconocer su proceso de aprendizaje, aumentando así su eficacia, su rendimiento y el control sobre el mismo.

Para lograrlo, el individuo debe hacerse consciente "metacognitivamente" mediante entrenamiento en el uso de estrategias que le permitan: 1/ tomar distancia respecto al propio proceso de aprendizaje, es decir, observar y analizar tanto el proceso de interpretación o creación del significado sobre las frases o hechos concretos que realiza y de sus posibles errores. Y 2/ Administrar y regular el uso de las estrategias de aprendizaje más apropiadas en cada caso, para alcanzar la autonomía en la creación de objetivos que se amolden al ritmo de aprendizaje, y así medir la misma estructura de aprendizaje, ligándola al conocimiento.

Observar y analizar el proceso de "aprender a aprender".

Las materias de psicología y filosofía han mostrado interés en definir las relaciones entre saber y aprender, por un lado, y entre enseñanza y aprendizaje, por el otro.

El aprendizaje se concibe como un proceso complejo en cuya construcción participa activamente el aprendiente al aportar sus experiencias y conocimientos previos. El individuo participará de manera activa en el proceso si es consciente del mismo y puede identificar las estrategias que él utiliza.

Algunos teóricos que trataron este aspecto, como S. Bruner (1960), desarrollaron las ideas de J. Piaget, para construir un puente entre la psicología cognitiva y la pedagogía, hasta afirmar que en el aprendizaje son tan importantes los procesos como los productos. Para J.S. Bruner, el objetivo de la educación es el desarrollo de la comprensión conceptual ligada al lenguaje y al mismo cuerpo pensante, es decir, de las destrezas y de las estrategias cognitivas, en mayor medida incluso que la adquisición de información objetiva. Su teoría se conoce como el constructivismo social y sostiene que la educación implica a la totalidad de la persona, y que el valor de aprender a aprender existe en la posibilidad de transferir de una situación a otra aquello que se aprende. De amoldar el saber a diferentes escenarios.

En la creación del concepto de "aprender a aprender" han influido también las teorías de L. S. Vygotsky, un psicólogo ruso de principios del siglo XX, y de R. Federasteis, psicólogo educador israelí. Ambos autores destacan la mediación del profesor como uno de los principales factores de aprendizaje, la importancia del contexto social en el que se produce el aprendizaje y la conveniencia del aprendizaje en cooperación como complemento del aprendizaje individual.

Ahora, en consecuencia, la Pedagogía actual cada vez da más importancia a la posibilidad de que el alumno juegue un papel activo en su propio aprendizaje, ajustándolo de acuerdo con sus necesidades y objetivos personales. Este proceso es psicológico en cuanto a lo inteligible en la palabra, es el cuerpo humano el que es capaz de no interferir emocionalmente en la creación de procesos conceptuales y sintácticos.

3.7 – AUTOADMINISTRARTE LAS ESTRATEGIAS DE APRENDIZAJE MÁS APROPIADAS.

Las estrategias de aprendizaje son aquellos procesos o técnicas que ayudan a realizar una tarea de forma idónea.

Como el aprendizaje es un proceso individual y cada persona debe optar por su método de estudio y aprendizaje, también es el individuo quien más capacitado está para medir el cambio conceptual y la consecución de los objetivos de aprendizaje que se ha marcado. De esta forma es capaz de medir, por un lado, si es capaz de "alejarse de él mismo" para medir exento de emoción y afecto la estructura lingüística y conceptual del contenido y el significado más correcto objetivamente - y no a algún otro significado ligado de forma subjetiva a la experiencia personal del sujeto.

Por otro lado, es necesario en cada proceso de aprendizaje descubrir, crear e inventar, los medios que le permiten seguir con los procesos de asimilación y acomodación intelectiva de un modo intermitente, no solo en la enseñanza regulada, sino en cada individuo que partícipe de aprendizajes permanentes.

El proceso consiste en ejercer activamente el conocimiento de cómo uno aprende, de los mecanismos que está usando, de cuáles son las maneras más eficaces para aprender, donde se destaca la manera de entender, analizar y aprender las cosas del exterior por los medios que a cada uno le parezcan convenientes o cómodos.

Por ejemplo, usando el mapa conceptual de Spinoza se puede apreciar como unas proposiciones son productos del aprendizaje de otras anteriores formando un esquema complejo unido, así para el filósofo de Ámsterdam: "Cada cosa - cuerpo o idea - se esfuerza, cuanto está a su alcance, por perseverar en su ser", que es una idea aprendida de otras anteriores: como de la proposición 34 de la parte 1: "La potencia de Dios es su esencia misma" y por la 4 de la segunda parte de la Ética: "Ninguna cosa puede ser destruida, sino por una causa exterior". Y de esta forma sucesivamente fue aprendiendo Spinoza de sus propios procesos de aprendizaje —algo que puede hacer cualquier persona que se conozca a sí misma tanto como el filósofo de Ámsterdam —, se sigue de aquí la posibilidad de enunciación que es la que consigue acoplar unos conceptos en otros y los convierte en teoría demostrable.

Aprender a aprender es importante en nuestros días para cualquier persona, ya que en una sociedad donde permanentemente estamos bombardeados de información es necesario saber organizarse, seleccionar lo fundamental, saber utilizar más tarde ese conocimiento, etc. Estas tareas requieren tener asimiladas una serie de estrategias y conocer su puesta en práctica.

Así pues, aprender a aprender sería el procedimiento personal más adecuado para adquirir un conocimiento cualquiera. Ello supone impulsarlo como una forma de acercamiento a los hechos, principios y conceptos. Por tanto, aprender a aprender implica:

El aprendizaje y uso adecuado de estrategias meta cognitivas.

El aprendizaje y uso adecuado de modelos conceptuales (de forma primitiva que se transformarán o madurarán).

Desde esta perspectiva, el aprender a aprender supone para el individuo poseer "herramientas para aprender" y estas herramientas no son otras que los conceptos como bisagras entre el lenguaje y la experiencia.

El conocimiento más importante es el conocimiento de uno mismo, o la llamada "meta cognición": esto implica el conocimiento sobre el propio funcionamiento psicológico. Es decir, ser conscientes de lo que se está haciendo de tal manera que el sujeto pueda controlar eficazmente sus propios procesos mentales.

Así, al individuo no le interesa aprender unas técnicas eficaces para el estudio, sino tener un cierto conocimiento sobre sus propios procesos de aprendizaje. La vía fundamental para la adquisición de ese meta conocimiento será la reflexión sobre la propia formación teórica en el contexto. Es decir, el único medio para conseguirlo es crear la teoría, equivocarse y darse cuenta del error, y cambiar lo errático por otro concepto en su lugar, como hizo uno de los grandes filósofos en su Ética demostrada por orden geométrico, Benito de Espinosa.

3.8 – DEL SABER DE LA EMOCIÓN AL DE LA AFECCIÓN EN LO VIRTUAL.

La publicidad vende afecciones, se hace necesitar estableciendo una necesidad básica, pero cuando te formas afectos sobre tus afecciones ya no sientes esa necesidad.

Quizás este Aldo pretenda solo arrojar algo de conocimiento filosófico sobre aquello que se llama "marketing", y continuar informando sobre algo más desarrollado —concepto central— en los departamentos de marketing, pues estos se dedican a hacer llegar sus productos de la forma más eficiente al mayor número de personas.

Pero en un sentido —en el que me interesaba— el departamento de marketing se dedica a crear una realidad partiendo de lo que Gilles Deleuze llama en el ámbito cinematográfico "la realidad de lo virtual", en el sentido de que hay algo que en un sentido es virtual, es decir no es actual, y a pesar de todo tiene consecuencias reales y causas reales.

El concepto que interesa es este, el de realidad de lo virtual, y puede mostrarse enteramente fijándonos en dos acontecimientos: su 1) utilidad práctica y 2) enunciación teórica.

2) El periodo de enunciación es el mismo acto de creación filosófica, es decir, se produce en el momento que el filósofo pretende dejar por escrito la utilidad de un concepto (el concepto puede existir "anónimamente").

Y así, fue Deleuze quien primero enuncia este concepto en varias páginas de Diferencia y repetición, allí muestra que "nada puede impedir la conjunción de la imagen-movimiento [...] con la imagen cinematográfica". Él piensa este concepto en cine y - para él - "el cine tiene su sitio más allá de la representación" pues reproduce un nuevo universo de movimiento y produce su propio tiempo.

Deleuze asegura que las características del cine son, en realidad, análogas a las del mundo material.

Muestra la fuerza de la imagen (él entiende el cine como un conjunto de imágenes - movimiento) y sugiere que esta virtualidad de imágenes pueden crear una realidad, igual o superior que la propia del mundo natural.

La producción de imagen depende de un mecanismo técnico y por ello existe como irreal o como simulación de realidad. Simulación que constituye una realidad de cierto tipo. Es decir, se trata de la realidad de lo virtual.

El cine produce un tiempo afectivo, esta es su novedad, convertirse en creador de subjetividades y virtualidades. Lo actual y lo virtual se vuelven indiscernibles, es decir, se mezcla lo real y lo imaginario y todo momento vivido es percepción y recuerdo al mismo tiempo.

La nueva "imagen-pantalla" se caracteriza por la producción del tiempo. Para que pueda constituir una 'nueva realidad', el cine afecta a la subjetividad haciendo perceptible el tiempo subjetivo. El alcance del cine moderno ha sido conseguir que el espectador experimente y perciba el tiempo. La lectura de esta imagen no depende del discernimiento, sino de la medida en que el sujeto se deja llevar por la intuición y cree en la ilusión.

1) La utilidad práctica muestra en imágenes - movimiento la fuerza de este concepto: Gilles Deleuze distingue entre el cine antes y después de la segunda guerra mundial, así, la realidad de lo virtual pudo utilizarse —como concepto— en los altos mandos del bando nazi, por eso pensamos

que el documental: El triunfo de la voluntad puede ser el primer filme cinematográfico que expresa este concepto en funcionamiento.

Este concepto se presenta claramente en un corto publicitario de Coca-Cola titulado: La fábrica de la felicidad. Anuncio que enmarca mejor que ningún otro, la lucha contra la adversidad hasta conseguir que esa mueca de tristeza se transforme en una sonrisa de oreja a oreja. Es decir, de esta forma subjetiviza la afección de alegría Coca-Cola: en "un sorbo de coca-cola".

Y por esto, como iba diciendo o pensando este Aldo, que por su autodidactismo no entendía de llevar un orden en su discernir, y esto le llevaba a no saber si discernía o no cernía en absoluto. Se dio por satisfecho sobre lo que sabía de los conceptos publicitarios, y los creyó mansos y manipulables, más que le siguieran afectando, y decidió por esto seguir pensando a filósofos y otras cosas que llamaba "filosofías", pero sin darse mucha cuenta de que seguían siendo cosas autodidactas que no diferenciaba muy bien.

3.9 – EL ESTILO DE NIETZSCHE Y SPINOZA EN FILOSOFÍA.

En esta entrada intentó entrar en el estilo de hacer filosofía de Nietzsche y Spinoza, y creo que este esfuerzo consistió en la mayor aventura que consiguió cambiarlo.

Lo que hizo en el escrito fue recorrer las diferencias que tienen ambos en la inserción de los personajes y en el momento de crear su individualidad, pues cada personaje de un libro de filosofía es un concepto —pensaba, y estos son los que utiliza el filósofo como personajes principales.

Y como es tan importante conocer a los filósofos por sus creaciones, como por su estilo y forma de conmover – que es el cómo se hacen cruciales para el lector, fue mirando el estilo en sus obras como si ellos hicieran como aquellos que se llaman directores y novelistas. Porque si el que fue llamado director teatral por su representación y su control en la puesta en escena le dio la fama, y llegó a representar teatro para grandes reyes y en lujosos palacios, hay quien —como Spinoza— compuso su obra en forma teatral, y él en su Ética representó igual que un gran director susnconceptos en proposiciones, como si de escenas separadas en la obra se tratase. Y dotó de un carácter concreto a cada afecto en la obra retratado —como hacían en las obras clásicas, como aquel tal Homero, y concretando de una forma muy liviana encontró nítidas las individualidades, pudiendo entonces mostrarlas simples, frescas y con toda su naturalidad, pues en conjunto incluía los conceptos en proposiciones, como si de escenas separadas en la obra se tratase.

Y es que Spinoza no necesitó hablar de magia ni esoterismo para mostrar lo inimaginable, su lenguaje era el del pueblo y por eso algunos le llamaron el príncipe de los filósofos.

Spinoza en filosofía hacía teatro, los conceptos que utilizó, a los que unió por necesidad a los afectos, aparecían en los diferentes actos desplegando características propias.

¿Y en Nietzsche?, ¿Cuál era el estilo de este otro?, este que se deshizo de toda ceremonia y cualquier acto organizativo, él que amó el concepto en movimiento para que pariese de sí algo propio y vivo, ese que en sus escritos hacía valer un estilo trascendente que acompañaba la lectura hacia una acción sangrienta. La sangre en Nietzsche tiene que ver con sus símbolos de águila y serpiente, estos son sus ojos y vísceras en la acción, con sangre decía este que escribía y sin ella nada tendría valor. Y esto solo por el hecho de parir de un concepto muerto, otro vivo, y sacar de una tristeza una alegría, aquí hace falta sangre. Él, que se diferenció de Spinoza en el modo de lucha, en esa forma de hacer filosofía decidió Nietzsche romper y transformar los ídolos populares —que como conceptos muertos vivían y no habitaban, en dioses sin nombre y arraigados al cuerpo, al cuerpo de cada cual, para que cada uno se gobernase.

En Nietzsche la filosofía se despliega como en una película de acción, al más puro estilo de Hollywood, pues sus conceptos eran valientes héroes incomprendidos y alegres saltarines.

3.10 – COMPARACIÓN CONCEPTUAL DE LA FILOSOFÍA DE NIETZSCHE Y SPINOZA.

El teólogo ortodoxo y el sefardí, seguramente por el exacerbado aislamiento y persecución que sufrieron no han sido comprendidos en los años venideros, presentan una teoría funcional del ser humano y el mundo parecida - que es lo que pretendo mostrar - y un método expresivo característico en sendos lenguajes completamente opuesto, el uno con el aforismo, el otro con la proposición, que son dos técnicas opuestas.

Lo que busca este Aldo ahora consiste en desgranar levemente varias de las ideas principales y observar como la función conceptual no es muy diferente.

A —La negación del mal de Spinoza, con la desvaloración de todos los valores de Nietzsche:

> "Así pues, queda claro, en virtud de todo esto, que nosotros no intentamos, queremos, apetecemos ni deseamos algo porque lo juzguemos bueno, sino que, al contrario, juzgamos que algo es bueno porque lo intentamos, queremos, apetecemos y deseamos". (Ética, III). "Símbolos son todos los nombres del bien y del mal: no declaran, solo hacen señas. ¡Tonto es quién de ellos quiere sacar saber! Prestad atención, hermanos míos, a todas las horas en que vuestro espíritu quiere hablar por símbolos: allí está el origen de vuestra virtud" (Así habló Zaratustra, I, De la virtud que hace regalos).

B —El Dios ha muerto del hombre del martillo con la infinita multiplicidad de todos los atributos en los hombres a través de la idea de Dios, es la misma idea conceptual en ambos filósofos.

> *"VI.—Por Dios entiendo un ser absolutamente infinito, esto es, una substancia que consta de infinitos atributos, cada uno de los cuales expresa una esencia eterna e infinita"* (Ética, I, Definiciones).

Pero, en la siguiente proposición Spinoza podemos ver que Dios puede consistir también un nombre y no una creencia, y como nombre usado por el hábito sería no existe en acto, y por condición tampoco existe en acto la idea de Dios cuando se lo nombra:

> *"VII. — La esencia de todo lo que puede concebirse como no existente no implica la existencia"* (Ética, I, Axiomas).

C —La afirmación Spinoziana de que cuerpo y alma son una misma cosa, con la no existencia de la experiencia externa al ser en Nietzsche son la misma idea una vez más.

> *"PROPOSICIÓN I*
>
> *Según están ordenados y concatenados en el alma los pensamientos y las ideas de las cosas, así están ordenadas y concatenadas, correlativamente, las afecciones o imágenes de las cosas en el cuerpo"* (Ética, V).

Nietzsche lo dice así:

> *"Nietzsche termina identificando su inspiración con su revelación exterior y cree que su espíritu contiene y engendra bajo una forma mística la quintaesencia del Ser: "Para mí —¿cómo podría haber un afuera-de-mi? "¡No existe ningún afuera!", dice en Así habló Zaratustra. (Lou Andreas-Salomé, Nietzsche. Sus metamorfosis).*

D —El eterno retorno como castigo al hombre de ideales, y la definición VIII y su explicación, juntan otra vez un concepto con distinta forma:

> *"La carga más pesada. ¿Qué dirías si un día o una noche se introdujera furtivamente un demonio en tu más honda soledad y te dijera: "Esta vida, tal como la vives ahora y como la has vivido, deberás vivirla una e innumerables veces más; y no habrá nada nuevo en ella, sino que habrán de volver a ti cada dolor y cada placer, cada pensamiento y cada gemido, todo lo que hay en la vida de inefablemente pequeño y de grande, todo en el mismo orden e idéntica sucesión, aun esa araña, y ese claro de luna entre los árboles, y ese instante y yo mismo. Al eterno reloj de arena de la existencia se lo da vuelta una y otra vez y a ti con él, ¡grano de polvo del polvo!"? ¿No te tirarías al suelo rechinando los dientes y maldiciendo al demonio que así te hablara? ¿O vivirías un formidable instante en el que serías capaz de responder: Tú eres un dios; nunca había oído cosas más divinas?"*

Si te dominara este pensamiento, te transformaría, convirtiéndote en otro diferente al que eres, hasta quizás torturándote. ¡La pregunta hecha en relación con todo y con cada cosa: "¿quieres que se repita esto una e innumerables veces más?" ¡Pesaría sobre tu obrar como la carga más pesada! ¿De cuánta benevolencia hacia ti y hacia la vida habrías de dar muestra para no desear nada más que confirmar y sancionar esto de una forma definitiva y eterna?" (Gaya ciencia).

Pero esto lo resume Spinoza muy brevemente; Que la eternidad, que es algo que no puede experimentarse como experiencia, es simplemente la existencia misma, pero que podemos concebirla por su definición, ahora bien, si no existimos en nuestra experiencia y nos mantenemos atendiendo a la concepción de eternidad, no tenemos forma de comprender genuinamente que es esa cosa eterna, y será imaginada y falsa. Spinoza dice:

> *"VIII.—Por eternidad, entiendo la existencia misma, en*

cuanto se la concibe como siguiéndose necesariamente de la sola definición de una cosa eterna.

Explicación: En efecto, tal existencia se concibe como una verdad eterna, como si se tratase de la esencia de la cosa, y por eso no puede explicarse por la duración o el tiempo, aunque se piense la duración como careciendo de principio y fin" (Ética, I, Definiciones).

E - El superhombre Nietzscheano con la quinta parte de la ética de Baruch, que es en definitiva la demostración de un pensamiento sin ideales, es decir, del superhombre.

"Paso, por fin, a esta última Parte de la Ética, que trata de la manera de alcanzar la libertad, es decir, del camino para llegar a ella. En esta Parte me ocuparé, pues, de la potencia de la razón, mostrando qué es lo que ella puede contra los afectos, y, a continuación, qué es la libertad del alma, o sea la felicidad; por todo ello, veremos cuánto más poderoso es el sabio que el ignaro".

(...)

"Aquí trataré, como he dicho, solamente de la potencia del alma, o sea, de la razón, y mostraré ante todo la magnitud y características de su imperio sobre los afectos, en orden a regirlos y reprimirlos".

(...)

"Así, pues, dado que la potencia del alma, como más arriba he mostrado, se define por la sola capacidad de conocer, los remedios contra los afectos —remedios que todos conocen por experiencia, pero que, según creo, no observan cuidadosamente ni comprenden con distinción— los determinaremos por el solo

CHAPTER 1

THE PHILOSOPHY OF OBSTACLES

They are a necessary component of life. They come to us in various shapes and sizes, whether physical, mental, or emotional. They may appear as obstacles, difficulties, or even failures. We frequently see difficulties as barriers to our development, leading to irritation, discouragement, and loss. However, a fundamental philosophy encourages us to view challenges in a whole new way—as chances for development, resiliency, and success. According to this frame of mind, facing our challenges head-on will help us reach our full potential. In this investigation, we will go into the history, tenets, and transforming potential of the philosophy of barriers.

History of Philosophy
The ancient Stoics, who held that conforming to the natural order of the universe was the way to

wisdom and fulfillment, is where this philosophy's roots can be found. The development of inner fortitude, resiliency, and virtue was emphasized by the system of thought known as stoicism, which originated in ancient Greece and flourished in ancient Rome. Stoic philosophy was founded on the idea that challenges were caused by internal perceptions and judgments rather than outside factors beyond our control.

According to the Stoics, such as Epictetus, Seneca, and Marcus Aurelius, the difficulty was not in the impediment but in how we responded to it. They pushed for a change in mindset, advising people to see challenges as chances for character and personal development. One may turn hardship into an advantage and emerge more vital, competent, and moral by accepting the trials life provides.

Principals de base

The philosophy of barriers is based on several fundamental tenets that control how we perceive and react to impediments.

The idea encourages us to welcome obstacles rather than avoid or reject them. It acknowledges that challenges are a natural part of life and that we can accept them as essential parts of our path rather than letting them overwhelm us.

• **Perception and Judgment:** According to this school of thought, our interpretation of an impediment rather than the problem itself leads to pain. How we perceive and evaluate the challenge influences our emotional and behavioral responses. We can turn a seemingly enormous challenge into a doable one by intentionally deciding to reframe our attitude.

Obstacles are seen as chances for personal development and the development of resilience.

They allow us to hone our abilities, personalities, and ingenuity. We grow more robust and more capable as people by facing challenges.

• **Initiative and Action:** The philosophy supports confronting challenges head-on. It highlights the significance of acting rather than idly waiting for things to change. We may overcome the challenge and direct our course by taking charge and acting with determination.

Changing Challenges into Opportunities
The theory of obstacles provides valuable methods for turning difficulties into chances.

• **Reframing Perception:** The initial step is to change how we see the challenge consciously. We might perceive it as an opportunity to develop, learn, and adapt rather than as a problem. We change our perspective from victimhood to empowerment by rephrasing the challenge as a stepping stone rather than a roadblock.

• **Building Resilience:** Resilience is the capacity to overcome challenges. The concept of difficulties instructs us to improve resilience by creating a persistent, upbeat, and adaptable mindset. It serves as a reminder that obstacles are only momentary difficulties that can be conquered with willpower and tenacity.

• **Taking Strategic Action:** The idea pushes us to take strategic action rather than letting fear or uncertainty paralyze us. We can develop a strategy and proceed if we divide the challenge into achievable steps. We can build momentum and advance by taking the initiative and tackling the challenge head-on.

Failure is an inevitable part of the journey; learn from it. We learn to see failure as a good lesson from the philosophy of obstacles. We can transform setbacks into chances for growth and improvement by accepting our mistakes, reflecting on the lessons they provide, and changing the way we go about things.

Practical Use in Everyday Life
The philosophy of difficulties is helpful and can be used in everyday life; it is not only an abstract idea.

- **Professional Challenges:** When it comes to the world of work, challenges come in the form of complex assignments, challenging coworkers, or professional setbacks. We can tackle these difficulties with a growth mentality by adopting the idea of barriers and viewing them as chances to develop our abilities, increase our experience, and demonstrate our resiliency.

puts and strengthens our bonds by employing the concept of barriers.

• **Personal Development:** Self-doubt, fear, or limiting beliefs can hinder personal progress. The idea urges us to face these internal challenges head-on and embrace discomfort as a driver of personal change. We can broaden our views and realize our full potential by pushing past the boundaries we set for ourselves.

• **Physical Difficulties:** Some challenges can affect our physical health. Illnesses, physical limits, or injuries can hamper our efforts. Even in physical difficulties, the concept encourages us to concentrate on what we can control and modify our strategy to reach optimal health and well-being.

The philosophy of barriers offers a paradigm-shifting viewpoint on how we view and approach difficulties. We can overcome obstacles in life with a sense of empowerment and purpose by viewing challenges as chances for growth, resiliency, and success. The ideology encourages us to develop a resilient mindset, take calculated risks, and learn from our mistakes. We learn the fundamental lesson that the obstacle itself is the path forward. So let's accept our difficulties and discover our true potential to lead a happy and meaningful life.

EMBRACING YOUR OBSTACLE

We may negotiate the difficulties and disappointments of life with resiliency, courage, and a sense of purpose when we adopt the revolutionary mindset of embracing adversity. By accepting hurdles rather than seeing them as roadblocks to achievement, we can achieve personal growth, discover new opportunities, and reach our full potential. This manual look at viable tactics for embracing and using challenges to our advantage.

- **Change your viewpoint.**

To overcome hurdles, you must first change your perspective. Consider barriers as chances for growth and self-discovery rather than seeing them as dire or insurmountable. Recognize that challenges aren't caused by outside factors but by internal perceptions and evaluations. You can alter how you react to a challenge by altering how you perceive it.

- **Develop Resilience**

Resilience is a crucial quality for overcoming challenges. It is the capacity to overcome obstacles, evolve, and persevere under pressure. Create a growth mindset by trusting your capacity to learn, advance, and overcome challenges to build resilience. Develop your emotional fortitude, keep a cheerful disposition, and foster optimism even in the face of obstacles.

- **Accept Uncomfort**

Leaving your comfort zone is necessary to overcome problems. Growth and transformation frequently happen when we push past our comfort zones and welcome discomfort. You will likely feel uncomfortable when you face challenges, but this is a sign that you are growing and stretching yourself. Take calculated risks, seek out new experiences, and be open to learning from mistakes and disappointments.

- **Do Something**

The ability to overcome barriers takes the initiative. Take charge and start moving forward rather than waiting for conditions to improve or challenges to go away independently. Make a plan of action and break the impediment down into smaller, more achievable steps. Take it and build momentum, no matter how modest the initial step is. Remember that taking action often serves as a remedy for anxiety and uncertainty.

- **Understanding Failure**

The road includes failure in some form or another. Accepting challenges means seeing failure as a teacher as a chance for development. Analyze failures honestly and draw lessons from them rather than letting them demotivate you. With your new understanding and resiliency, alter your course, improve your tactics, and keep going. Accept that setbacks are not a barrier to success but stepping stones.

• **Seek Assistance**
It might be difficult to face challenges, so getting help when needed is essential. Create a network of dependable friends, mentors, and coworkers who can offer advice, inspiration, and insight. Talk to them about your struggles and experiences, and be receptive to their advice. You can overcome problems more successfully by working together and sharing knowledge.

• **Practice self-reflection and mindfulness.**

Self-reflection and mindfulness are effective strategies for overcoming challenges. Spend time developing self-awareness and paying attention to your thoughts, feelings, and actions in response to challenges. Try mindfulness exercises like meditation, deep breathing, or journaling to center yourself and build insight. Self-reflection lets you spot limiting thoughts, behaviors, or anxieties that might prevent you from embracing challenges completely.

• **Promote Progress**
Celebrate each step you take as you overcome challenges and advance. Recognize and value your efforts, no matter how minor. Recognize that overcoming problems is a process and that each success is evidence of your development and resiliency. Celebrating success encourages you to keep going, strengthens good habits, and reminds you of your accomplishments.

• **Develop a growth mindset.**

Having a growth mindset is essential for overcoming problems. You may improve your skills and intelligence with commitment, effort, and constant learning. Accept that obstacles are chances for development and failures are not signs of failure but stepping stones to success. Accept the idea that you will learn new things, acquire new abilities, and change as you overcome challenges.

- **Discover meaning in challenges.**

Finally, embrace challenges by discovering their significance. Consider the lessons you've learned, the personal development you've undergone, and how challenges have molded your character. Find the positive aspects, untapped chances, or unforeseen benefits of conquering challenges. When you discover purpose and meaning in the trip, overcoming hurdles becomes easier.

An empowering mentality that enables us to overcome difficulties with resiliency, courage, and purpose embraces barriers. We can unlock our true potential and embrace the challenges that come our way by changing our perspective, developing resilience, embracing discomfort, taking action, learning from failure, seeking support, practicing mindfulness and self-reflection, celebrating progress, cultivating a growth mindset, and finding meaning in the obstacles. Remember that challenges are not impediments to success but stepping stones. You will find tremendous power and resiliency within you if you embrace them.

THE STOIC PERSPIRATION

A distinctive and potent outlook on life is given by the Stoic philosophy, which had its roots in ancient Greece, The Stoic philosophy, which originated in ancient Greece and reached its pinnacle in ancient Rome, provides a distinct and potent outlook on life—reached its height in ancient Rome. Stoicism offers a helpful framework for leading a life of peace, resilience, and moral integrity since it is based on the idea that virtue is the highest good and that we are in charge of our thoughts and actions. In this investigation, we will examine the fundamental concepts of the Stoic viewpoint, its guidance for handling emotions, its response to hardship, and its advice for pursuing purpose and fulfillment.

Stoic Foundational Principles
The guiding ideas of stoicism, which influence its outlook on life, are as follows:

• **Virtue as the Highest Good:** According to Stoicism, the ultimate aim of life is to develop virtue, which includes wisdom, courage, justice, and self-control. Due to its controllability and connection to genuine fulfillment, virtue is regarded as the highest good.

• **Accepting What is Outside of Our Control:** The significance of accepting things outside of our control, such as outside occurrences and other people's actions, is emphasized by stoics. We can retain inner peace and avert unneeded suffering by concentrating on what we can control, such as our thoughts, attitudes, and deeds.

• **The discipline of desire and aversion:** Stoicism exhorts us to exercise self-control over our cravings and dislikes. Instead of being motivated by fleeting pleasures or external conditions, we should learn to cultivate inner calm and fulfillment by balancing our desires with logic and accepting that external events have no bearing on our happiness.

• **Acceptance and Transience**: Stoics know the fleeting nature of all things. They are a constant reminder that nothing in the outside world is permanent and that attachment to things like fame, financial success, or social standing causes dissatisfaction. We can achieve tranquility and sharpen our attention by accepting the transience of existence.

Controlling Emotions
Stoicism places a strong emphasis on the necessity of controlling our emotions. According

to the Stoics, our perceptions and analyses of external events determine how we feel rather than the events themselves. They guide us in maintaining composure and reason in both good and bad situations.

• **Negative Emotions:** Stoicism offers methods for controlling unpleasant feelings, including rage, fear, and grief. We can acquire perspective and maintain a more tranquil and balanced mind by scrutinizing our judgments and disputing illogical assumptions.

• **Positive Emotions:** The Stoics warn against getting unduly devoted to feelings of joy or pleasure. They suggest expressing thanks and acknowledging that these feelings are fleeting and ultimately out of our control.

Perspective on adversity
By encouraging us to see difficulties as chances for growth and character development, stoicism offers a distinctive response to hardship. The Stoics taught us to regard difficulties not as

barriers but as essential elements of the human experience.

The Stoic idea of "amor fati," or "love of fate," exhorts us to welcome and accept whatever comes our way. It challenges us to view any circumstance, even adversity, as a chance for growth, learning, and the practice of virtue.

• **Turning Obstacles into Opportunities:** The Stoics hold that challenges can be springboards for growth and resiliency. We can overcome obstacles with knowledge, bravery, and calmness by changing our perspective and concentrating on what we can control.

Obtaining purpose and fulfillment
By concentrating on what is under our control and leading a morally upright existence, stoicism offers advice on how to find purpose and contentment in life.

• **Excellence:** The pursuit of excellence in all facets of life is something that the Stoics support. We can discover meaning and fulfillment by making an effort to live virtuously. They stress that cultivating moral integrity should take precedence over pursuing fame or prosperity on the outside.

Stoicism encourages us to place more importance on developing our inner virtues, such as knowledge, justice, courage, and self-discipline, than on achieving our goals on the outside. We can live lives of integrity and moral perfection by cultivating these values.

Understanding the Nature of Things: The Stoics encourage us to gain knowledge of the nature of things and to align our aspirations and deeds with the universe's inherent order. This knowledge enables us to embrace the present moment, accept the transience of life, and find contentment and peace in the here and now.

The life philosophy presented by the stoic perspective is profound and valuable. Stoicism serves as a manual for leading a life of discernment, fortitude, and serenity by emphasizing the cultivation of virtue, accepting that which is beyond our control, controlling our emotions, viewing adversity as a chance for growth, and finding meaning and fulfillment in the pursuit of excellence and inner virtue. We can approach life's obstacles with more composure by adopting a stoic mindset. We can also strengthen our moral character and experience deep fulfillment by living in accordance with the universe's natural order.

SEEING OBSTACLES AS OPPORTUNITIES

Obstacles are a common occurrence in life. They can appear as obstacles, setbacks, or unforeseen occurrences. While hurdles may appear intimidating and disappointing initially, adopting a mindset that views obstacles as opportunities can fundamentally change how we approach and overcome these challenges. We will go into the benefits of this perspective, tactics for adjusting our mentality, and the transforming impact of accepting problems as catalysts for growth, creativity, and personal development in this discussion of seeing obstacles as opportunities.

The Advantages of Viewing Obstacles as Opportunities

- **Personal Development and Growth:** Viewing barriers as opportunities allows for personal growth and development. Obstacles force us to extend beyond our comfort zones, learn new skills, and expand our knowledge and capacities. We engage in constant learning and self-improvement by accepting obstacles.

Resilience and flexibility are fostered when problems are viewed as opportunities. Rather than being discouraged or overwhelmed by problems, we gain the ability to recover, change our techniques, and find alternate answers. This resilience enables us to face future challenges with greater comfort and confidence.

Obstacles often serve as catalysts for invention and creativity. When confronted with a problem, we are compelled to look outside the box, to seek new views, and seek unconventional solutions. Seeing challenges as opportunities motivates us to use our creativity and find new methods to overcome obstacles.

• **Viewpoint Expansion:** Viewing challenges as opportunities broadens our viewpoint. It allows us to see past the current setback and contemplate the big picture. We embrace a more expansive and hopeful attitude by acknowledging that barriers might lead to unexpected possibilities and open new doors.

Mindset Modification Techniques
• **Reframe the story:** To recognize barriers as possibilities, we must intentionally reframe the story we associate with them. Instead of viewing barriers as hurdles or failures, consider them stepping stones, learning opportunities, or invitations to grow. Consider difficulties to be transitory impediments that can propel us ahead.

- **Develop a Growth mentality:** Adopting a growth mentality is critical for viewing challenges as opportunities. A growth mentality welcomes difficulties, believes in the power of hard work and tenacity, and views setbacks as chances for growth and learning. By cultivating a growth mindset, we acquire the resilience and optimism required to see setbacks as stepping stones to success.

Mindfulness practice allows us to notice our thoughts and emotions without judgment. By practicing mindfulness, we can distance ourselves from negative emotions or limiting beliefs linked with barriers. Mindfulness fosters curiosity and openness, allowing us to recognize possibilities and chances within the obstacles we confront.

- **Seek Diverse Perspectives:** Engaging with different points of view might help us adjust our mentality and perceive challenges in a different light. Seek mentors, advisors, or those who have conquered comparable challenges. Their thoughts and experiences can offer vital ideas and motivate us to see problems as opportunities.

• **Accept Discomfort:** Seeing difficulties as possibilities necessitates accepting discomfort. It entails pushing ourselves beyond our comfort zones, confronting our concerns, and taking calculated risks. Recognize that growth and transformation frequently occur during difficulties and hardship. Accept discomfort as a crucial element of your personal and professional development journey.

Embracing Obstacles Has Transformative Power

• **Learning and Adaptation:** Viewing challenges as opportunities promote ongoing learning and adaptation. When approaching challenges with a curious and open perspective, we are more inclined to seek new information, try new ways, and adjust our strategies accordingly. This iterative learning and adaption process improves our problem-solving abilities and resilience.

• **Developing Character and Resilience:** Overcoming problems allows us to develop character and resilience. Overcoming hurdles needs persistence, determination, and a good attitude. We develop attributes such as tenacity, perseverance, and emotional strength when we face problems, which not only help us overcome present barriers but also prepare us for future ones.

• **Identifying Hidden Opportunities**: Obstacles frequently obscure hidden opportunities and possibilities. We can find these hidden gems by changing our perspective. Obstacles can lead to new opportunities for growth, new connections, or unexpected discoveries that lead to innovation and advancement. Accepting barriers allows us to see and seize opportunities.

- **Developing Adaptability and Agility:** Viewing barriers as opportunities help to develop adaptability and agility. When we welcome challenges, we grow more at ease with change and unpredictability. We learn to swiftly assess circumstances, pivot as necessary, and develop inventive solutions. This versatility enables us to manage life's and work's ever-changing landscape.

Seeing problems as opportunities is a transforming perspective that allows us to face challenges, disappointments, and unexpected events with optimism, resilience, and adaptation. We can modify our mentality and unlock the transformative power of barriers by reframing our perspective, establishing a growth mindset, practicing mindfulness, finding alternate perspectives, and embracing discomfort. Accepting challenges as opportunities leads to personal development, inventiveness, broader perspectives, and the development of critical skills such as resilience and flexibility. Accept barriers as growth catalysts and see how they can move you toward success and fulfillment.

CHAPTER 2

THE DISCIPLINE OF PERCEPTION

Perception is crucial in how we experience and understand our surroundings. It influences the quality of our lives by shaping our thoughts, emotions, and behaviors. Perception is a concept rooted in various philosophical and spiritual traditions that emphasize the power of our perceptions and offer strategies for cultivating a clear, accurate, and empowering perspective. In this exploration of the discipline, we will delve into the significance of perception, techniques for refining our perception, and the transformative impact it can have on our well-being and personal growth.

The Perception Power
- **Perception Shapes Reality**: Our perceptions shape our reality. How we perceive and interpret events, situations, and people influences our emotional and cognitive responses and

subsequent actions. Two individuals can experience the same event but interpret it differently based on their perceptions, leading to distinct outcomes and experiences.

• **Filter of Beliefs and Assumptions:** Our perceptions are filtered through our beliefs, assumptions, and past experiences. These filters distort our perception, leading to biases, prejudices, and limited perspectives. Recognizing and challenging these filters is essential for cultivating a more accurate and objective world perception.

• **Emotional Impact:** Perception has a profound emotional impact. Our interpretations and thoughts elicit emotional responses, and unfavorable views can lead to tension, anxiety, and dissatisfaction. We can cultivate positive emotions such as joy, gratitude, and compassion by refining our perception.

Techniques for Refining Perception
Mindfulness is an effective strategy for sharpening perception. By cultivating present-moment awareness without judgment, we become more aware of our thoughts, emotions, and sensory experiences. Mindfulness enables us to observe our perceptions objectively and clearly, minimizing spontaneous reactions and allowing us to respond consciously.

• **Questioning Assumptions:** A critical aspect of refining perception is questioning our assumptions and beliefs. We often hold unconscious biases and preconceived notions that color our perception of others and the world. We open ourselves to new possibilities and more accurate knowledge of reality by questioning these assumptions and finding alternate viewpoints.

• **Cultivating Empathy:** Empathy requires stepping into the shoes of another and viewing the world from their perspective. By growing empathy, we acquire a more sympathetic and understanding perception of others. Empathy helps us understand our humanity and overcome biases or judgments that limit proper perception.

• **Seeking Diverse events:** Exposing ourselves to diverse events and opinions expands our perception. Engaging with people from diverse cultures, ethnicities, and belief systems challenges our existing perceptions and broadens our understanding of the world. Seeking diversity allows us to approach circumstances with greater openness and curiosity.

• **Practicing Gratitude:** Gratitude is a beautiful technique for refining perception. By creating a habit of thankfulness, we train ourselves to focus on the positive elements of life and appreciate the present moment. Gratitude changes our impression of scarcity to abundance, improving our well-being and view on life.

Positive Effects on Personal Development and Well-Being

• **Emotional Well-being:** Improving perception helps with emotional well-being. We experience enhanced happiness, contentment, and inner peace by establishing a positive and empowering perception. Reframing unfavorable experiences and concentrating on appreciation and positivity can improve our emotional condition dramatically.

• **Improved Relationships:** Our perception has an impact on our relationships. We become more attentive listeners, compassionate communicators, and understanding partners as we refine our perspectives. We improve our ability to see things from several angles, resulting in healthier and more meaningful relationships.

• **Self-awareness and self-growth:** The discipline of perception increases self-awareness by allowing us to detect our thought and action patterns. We acquire greater control over our answers and may actively adopt empowering perspectives when we understand how our perception affects our actions. This self-awareness serves as a springboard for personal growth and transformation.

Resilience and flexibility are enhanced by better perception. We develop resilience to adversity by viewing difficulties and failures as opportunities for growth and learning. Changing our viewpoint in response to changing circumstances enables us to handle life's uncertainties more comfortably and flexibly.

Refining vision broadens our perspective, allowing us to look beyond our limited perspective. We become more receptive to new ideas, experiences, and opportunities. This broader perspective stimulates creativity, innovation, and a stronger sense of interconnectedness with our surroundings.

Perception studies remind us of our perceptions' significant influence on our experiences, emotions, and behaviors. We can alter our life by refining our perception through mindfulness, questioning assumptions, growing empathy, pursuing diverse backgrounds, and practicing thankfulness. Perception refinement boosts emotional well-being, relationships, self-awareness and personal growth, resilience, and flexibility and broadens our perspective. Practicing perception discipline allows us to navigate life's obstacles with greater clarity, compassion, and wisdom, ultimately leading to a more fulfilling and meaningful living.

SHIFTING OUR PERSPECTIVES

Our perspective, or the lens through which we perceive the world, significantly impacts our experiences, thoughts, and actions. It influences how we view events, perceive others, and make judgments. On the other hand, our perspective is not fixed; it may be consciously modified and enlarged. We can obtain fresh insights, develop innovative solutions, and stimulate personal growth and transformation by consciously adjusting our perspective. We will delve into the relevance of perspective, explore ways for changing it, and evaluate its enormous influence on our lives in this investigation of shifting our viewpoint.

The Importance of Perspective
• **Interpretation of Events:** Our point of view influences how we interpret and make sense of events in our life. Depending on our perspective, the same occurrence might be viewed as a challenge, opportunity, setback, or learning experience. We can reframe situations and pick more empowering interpretations by adjusting our perspective.

• **Others' Perception:** Our perspective determines how we perceive and interact with others. It impacts our perceptions, assumptions, and ideas about individuals and groups. By adjusting our perspective, we can acquire empathy, compassion, and a deeper understanding of others, resulting in more harmonious relationships and successful communication.

• **Problem-Solving and Decision-Making:** Perspective is essential in problem-solving and decision-making. Different points of view provide different insights and responses to problems. We can arrive at more comprehensive and imaginative answers by actively exploring and evaluating various points of view.

Perspective Shifting Techniques
• **Empathy Practice:** Empathy is the ability to comprehend and share the emotions of others. By developing empathy, we change our viewpoint by putting ourselves in the shoes of others and experiencing the world through their eyes. This gives us more profound knowledge, compassion, and connection.

• **Seeking Diverse Experiences:** Exposure to new experiences and viewpoints broadens our horizons. Engaging with people from various cultures, ethnicities, and belief systems forces us to confront our prejudices and broaden our worldviews. Seeking diversity allows us to approach circumstances more openly and empathically.

• **Putting Assumptions and Beliefs to the Test:** Our assumptions and beliefs create our worldview. We can consciously examine these assumptions by identifying biases and limiting beliefs distorting our perception. Putting these assumptions to the test allows for new insights and perspectives.

Mindfulness is being fully present and aware of one's thoughts, feelings, and experiences. By practicing mindfulness, we develop the ability to observe our thoughts and behaviors without judgment. This permits us to disconnect from automatic thought processes and creates space for a shift in viewpoint.

• **Journaling and Reflection**: Journaling and reflection allow us to explore our thoughts, emotions, and experiences. We can obtain clarity on our viewpoints and find patterns or biases that may impede our growth by journaling and reflecting regularly. This self-reflection allows us to choose to change our point of view intentionally.

The Significant Influence of Changing Perspective

• **Increased Creativity and Innovation:** A shift in perspective opens up new avenues for creativity and innovation. We acquire new insights, notice connections we may have missed, and produce original ideas when we venture outside our regular vantage point. Shifting our perspective allows us to think outside the box and create creative solutions to problems.

• **Enhanced Problem-Solving Skills**: Changing our perspective improves our problem-solving abilities. It enables us to explore many points of view, predict potential roadblocks, and design more successful strategies. We obtain a deeper grasp of complex topics and can approach problem-solving from a complete standpoint by embracing multiple perspectives.

• **Personal Development:** A shift in viewpoint catalyzes personal development. It encourages us to test our assumptions, confront our biases, and accept discomfort. We gain self-awareness, fresh insights, resilience, and flexibility due to this process. Shifting our perspective allows us to overcome our limitations and grow as individuals.

• **Relationships Improved:** Changing our attitude significantly impacts our relationships. It promotes empathy, comprehension, and successful communication. We build stronger connections, handle issues more effectively, and create a more inclusive and harmonious atmosphere by actively attempting to understand others' viewpoints.

Shifting Perspective Improves Resilience and Emotional Well-Being: Shifting perspectives improve resilience and emotional well-being. We can better negotiate setbacks and difficulties by shifting our focus from negative to positive features, reframing problems as opportunities, and fostering thankfulness and optimism. Shifting our viewpoint allows us to find significance and perseverance in hardship.

Changing our point of view is a tremendous instrument for personal development, creativity, and positive transformation. We broaden our understanding, develop inventive solutions, and foster deeper connections by intentionally choosing to view events, others, and ourselves from diverse perspectives. We can actively modify our perspective by engaging in empathy, seeking out various experiences, challenging preconceptions, mindfulness, and journaling. Accepting the power of perspective enables us to navigate life's obstacles with wisdom, compassion, and resilience, resulting in a more full and enriched lifestyle.

REFRAMING CHALLENGES

Life's challenges are unavoidable. They take numerous forms and test our abilities, resilience, and determination. While obstacles may initially cause irritation, worry, or tension, they also provide growth, learning, and personal development possibilities. The capacity to reframe the barriers is a powerful tool that helps us shift our viewpoint and turn unpleasant events into positive transformation catalysts. In this investigation of reframing challenges, we will go into the significance of reframing, approaches for reframing issues, and their transforming impact on our lives.

The Importance of Reframing Obstacles
Reframing issues entails intentionally adjusting our perspective from pessimism or defeat to possibility and growth. It enables us to see difficulties as chances for growth, self-discovery, and personal development. We can modify our view of obstacles and discover their latent possibilities by reframing them.

Reframing issues allows us to understand challenging situations more positively and empoweringly. Setbacks become stepping stones, challenges become opportunities for innovative problem-solving, and failures become helpful lessons. Reframing issues allows us to own our experiences and find meaning and purpose.

• **Building Resilience:** Reframing issues helps us be more resilient. The ability to bounce back from adversity and navigate through challenging times with courage and resolve is referred to as resilience. We create a resilient attitude by reframing obstacles, which allows us to continue, adapt, and evolve in the face of setbacks. Reframing issues assists us in developing the emotional and mental toughness required to overcome barriers.

Reframing Techniques for Difficulties

Seek the lesson: Every problem contains a lesson or a chance for progress. When confronted with a complex scenario, ask yourself, "What can I learn from this situation?" You can reframe adversities as beneficial experiences that contribute to your personal and professional development by concentrating on the lessons and insights they provide.

Gratitude is a vital tool for reframing challenges. When confronted with a challenging situation, consciously redirect your attention to what you are grateful for. Consider the positive aspects of your life and the lessons you've learned from previous trials. Cultivating thankfulness can help you reframe problems by moving your focus from what is missing to what is there and worthwhile.

- **Adopt a growth mentality:** A growth mentality is necessary for reframing issues. A growth mindset is a concept that skills and intelligence can be developed through hard work and devotion. Accept problems as chances for growth and improvement rather than permanent constraints. Emphasize the learning process and the opportunity for progress, and see setbacks as stepping stones to personal and professional development.

• **Focus on Solutions:** Seek solutions rather than concentrate on the problem. Reframe challenges as chances to put your problem-solving, ingenuity, and resourcefulness to the test. You can turn problems into stepping stones toward your goals by devoting your attention to discovering answers.

• **Seek Help and Perspective:** Seek help from others and consider various viewpoints. Engage in meaningful talks with trusted friends, mentors, or coworkers who can provide new perspectives and alternative approaches to the problem. Collaborative brainstorming and gathering varied perspectives can result in inventive ideas and recasting difficulties in a more constructive light.

The Transformative Power of Reframing Obstacles

• **Personal Development:** Reframing issues promotes personal growth and development. You broaden your knowledge, talents, and capacities by viewing problems as chances for learning and self-improvement. Challenges provide an opportunity for self-discovery and the development of one's strengths. Each obstacle you overcome contributes to your personal development, providing you with valuable experiences and abilities for future attempts.

- **Resilience and adaptation:** Reframing difficulties fosters resilience and adaptation. You learn to navigate challenges with grace and resilience rather than succumbing to their negative impact. You learn to recover from setbacks, adapt to changing circumstances, and endure in the face of adversity. Reframing difficulties allow you to welcome change and new chances and develop creative solutions.

- **Improved Problem-Solving Skills:** Reframing problems improve your problem-solving abilities. You gain the capacity to think critically, examine situations from several perspectives, and discover unique solutions by tackling issues with a solution-focused mindset. Reframing problems enables you to consider different viewpoints and ways of solving problems. This broadens your problem-solving repertoire and provides you with valuable abilities that can be applied in a variety of situations.

• **Emotional well-being is improved:** reframing difficulties strengthen your emotional well-being. When you reframe obstacles as opportunities for growth and learning, you shift your attention away from the unpleasant parts and toward the potential positive consequences. This shift in perspective alleviates tension, worry, and powerlessness. It enables you to confront obstacles with optimism, hope, and empowerment, improving your overall emotional well-being.

• **Increased Self-Belief:** Reframing difficulties increases self-confidence and self-belief. You gain a sense of accomplishment and belief in your talents when you effectively reframe issues and overcome hurdles. Each difficulty you overcome demonstrates your ability and resilience. This newfound self-assurance spreads to all areas of your life, allowing you to face future obstacles with more confidence and drive.

Challenge reframing is a transforming activity that enables us to navigate life's problems with resilience, adaptation, and growth. We unleash untapped potential, develop valuable abilities, and improve our emotional well-being by intentionally adjusting our perspective and accepting adversities as chances for learning and self-improvement. Reframing situations allows us to create resilience, broaden our problem-solving talents, and boost our self-esteem. Reframing, we change problems from stumbling blocks to stepping stones on our personal and professional development journey.

DEVELOPING MENTAL RESILIENCE

Mental resilience is a powerful ability that allows people to bounce back, adapt, and prosper despite obstacles and failures. Mental resilience is the ability to tolerate and recover from adversity while remaining positive and proactive. It entails cultivating inner strength, emotional agility and facing hardship with grace and determination. We will delve into the importance of resilience, tactics for creating mental resilience, and its transforming influence on our lives in this investigation of growing mental resilience.

The Value of Mental Resilience
• **Adaptability in the Face of Change**: Life is full of surprises and uncertainty. Individuals with mental resilience can adjust to new personal, professional, or societal situations. It empowers people to embrace change, handle transitions, and see possibilities inside obstacles.

- **Emotional Well-being and Stress Management:** Mental resilience is essential for maintaining emotional well-being and managing stress. Resilient individuals can efficiently manage stress, regulate emotions, and maintain a good attitude in adversity. They are better prepared to deal with adversities, setbacks, and disappointments, which promotes mental and emotional well-being.

- **Progress and Personal Development:** Mental resilience is linked to personal development and progress. Resilient people view challenges as chances for learning, self-discovery, and progress. They view setbacks as great lessons and use them to advance their personal and professional development. Mental resilience promotes a growth mentality and a proactive reaction to life's challenges.

- **Building Mental Resilience Strategies Cultivate a Positive Perspective**: Adopting a positive perspective is the first step toward developing mental resilience. Reframe setbacks as chances for progress by focusing on the positive parts of situations. Accept positivity and have faith in your abilities to overcome obstacles. By creating a positive mindset, you lay the groundwork for overcoming hardship.

• **Create a Supportive Network:** Surround yourself with people who will be there for you, such as family, friends, mentors, and peers. These people can offer emotional support and various perspectives and encourage resilience. Seek out contacts that will boost and inspire you during difficult times. By providing a sense of belonging and support, meaningful interactions foster resilience.

• **Improve Your Problem-Solving Skills:** Improve your problem-solving skills to help you navigate hurdles. Break down issues into smaller, doable tasks and approach them methodically. Seek innovative solutions, think beyond the box, and be open to new ideas. You acquire confidence in discovering solutions and conquering difficulties by developing practical problem-solving abilities.

Prioritize self-care to promote mental resilience. Take good care of your physical, emotional, and mental health. Enjoy enjoyable activities, learn relaxing techniques, and live a healthy lifestyle. Self-care improves your ability to deal with stress, maintain emotional equilibrium, and build mental fortitude.

- **Accept change and adaptation:** Accepting and fostering adaptation is critical for mental resilience. Rather than fighting change, view it as an opportunity for growth and learning. Develop flexibility and the ability to change your goals and expectations in the face of unforeseen events. Accepting change allows you to navigate transitions with fortitude and keep moving forward.

The Positive Effects of Mental Resilience
 Improved problem-solving and decision-making abilities: Mental resilience improves

problem-solving and decision-making skills. Resilient people approach problems with a clear and focused perspective, allowing them to examine events objectively and make sound decisions. They can spot possibilities within issues and devise creative solutions.

• **Emotional Well-Being is Improved:** Mental resilience positively impacts emotional well-being. Resilient individuals have a more vital ability to regulate their emotions, manage stress, and have a positive attitude. They recover from losses faster and keep a sense of optimism and hope. Developing mental resilience promotes emotional well-being and increases overall life pleasure.

• **Increased Self-Belief and Confidence:** Developing mental resilience increases self-confidence and self-belief. As you negotiate and overcome obstacles, you gain confidence and inner strength. This newfound confidence transcends specific barriers and pervades other aspects of your life. You tackle future challenges with more resolve and resilience when you have more self-belief.

• **Personal Progress and Empowerment**: Mental resilience enables people to take control of their lives and embrace personal progress. Challenges are viewed as opportunities for self-improvement and growth by resilient people. They are more prone to seek out new experiences, take calculated chances, and stretch themselves beyond their comfort zones. Mental resilience promotes personal development, helping people to realize their most significant potential.

Developing mental resilience is a life-changing adventure that gives people the inner strength and emotional agility they need to succeed in the face of hardship. Individuals can improve their mental resilience by adopting a positive mindset, creating a support network, learning problem-solving skills, practicing self-care, and embracing change. Beyond individual problems, mental resilience influences problem-solving ability, emotional well-being, self-confidence, and personal progress. Individuals can negotiate life's adversities with grace, adaptability, and a proactive mindset when mental resilience is a guiding force, ultimately leading to a fulfilling and resilient life.

CHAPTER 3

ACTION: THE WAY FORWARD

Action is the link that connects our aspirations to reality in our pursuit of achievement, growth, and personal fulfillment. We look at the importance of action in overcoming difficulties, attaining our goals, and living a meaningful life. We discuss the value of deliberate action, tactics for overcoming inertia and resistance, and the transforming impact of constant effort. This investigation reveals how action moves us forward on the path to personal and professional success.

The Influence of Intentional Action
• **Making Ideas a Reality:** Ideas have little significance unless implemented. Intentional action is the spark that ignites our ideas. It links idea and manifestation, transforming our hopes,

plans, and desires into actual results. By taking deliberate action, we allow our ideas to materialize and impact our lives and the world around us.

- **Overcoming Inertia and Resistance:** Inertia and resistance are common impediments to activity. The inclination to remain in our existing position, avoiding change or taking essential actions toward our goals, is referred to as inertia. To overcome inertia, we must make a conscious effort to leave our comfort zones and take action. We can overcome inertia and embrace the transforming potential of action by recognizing and confronting resistance, whether fear, self-doubt, or external impediments.

- **Building Momentum:** Taking action creates momentum and a positive feedback loop. When we deliberate, we generate a chain reaction that pulls us ahead. Each step increases our drive, confidence, and determination, making it more straightforward to take the next step. As we gain momentum, our progress increases, and we become more resilient and flexible in adversity.

Taking Action Strategies
- **Set Specific Goals**: Specific goals provide a clear direction for action. Define clear, quantifiable, realistic, relevant, and time-bound goals consistent with your values and aspirations. Clear goals serve as a road map for your actions, guiding them and ensuring they are purposeful and focused.

- **Divide tasks into manageable steps:** Overwhelming frequently prevents action. Divide larger goals or tasks into smaller, more achievable steps. This makes the process less intimidating and enhances the possibility that action will be taken. Concentrate on one step at a time, recognizing each milestone.

- **Accept Imperfect Action:** Perfectionism can paralyze us, keeping us from acting until the conditions are perfect. Accept faulty action instead. Recognize that taking imperfect action is preferable to taking no effort at all. As you grow, learn from your failures, iterate, and perfect your strategy.

• **Develop Effective Time Management Skills:** Time management is essential for consistent action. Prioritize things, make a calendar, and set aside time for focused action. Reduce distractions and increase productivity using time management techniques like the Pomodoro Technique or time blocking.

• **Develop Discipline and Consistency:** Discipline and consistency are essential for long-term action. Develop a commitment and self-discipline mindset. Set daily or weekly action goals for yourself and hold yourself accountable. Small, consistent activities add up over time, resulting in tremendous improvement.

Action's Transformative Power

• **Development and Learning:** The cornerstone for development and learning in action. We get direct experiences, learn new skills, and broaden our knowledge through action. Action pushes us to venture beyond our comfort zones, face challenges, and uncover our strengths. We evolve, acquire resilience, and realize our most significant potential through the activity.

• **Overcoming Fear and Developing Resilience:** Taking action allows us to face and overcome our fears. By acting, we confront the unknown, question our limiting beliefs, and broaden our comfort zones. Each action we take increases our resilience and improves our ability to deal with hardship. As we persevere and overcome challenges, we gain inner strength and confidence.

• **Creating Opportunities:** Action produces opportunities that would not have otherwise existed. We create new opportunities by actively pursuing our aims and taking measured risks. Action creates momentum, attracts possibilities, and links us with others who share our values, forming a network of support and collaboration.

- **Achieving Results and Making an Impression:** In the end, action is the only way to achieve results and make an impression. Without action, ideas die, and potential is unrealized. We make progress, meet milestones, and produce tangible results by taking consistent action aligned with our goals. Our actions impact our lives, the lives of others, and the world around us.

The transforming effect of intentional action in overcoming barriers, attaining goals, and living a purposeful life is highlighted. We bridge the gap between our ideals and reality by taking deliberate action and transforming ideas into practical results. We empower ourselves to take consistent and purposeful action by overcoming inertia and resistance, creating clear goals, dividing tasks into manageable steps, embracing imperfect action, and fostering discipline. The action moves us forward, promotes growth and resilience, offers chances, and enables us to make a positive difference in the world. Accept action as a vehicle for change and allow it to lead you to personal and professional success.

THE PATH OF ACTION

The course of action is a critical component that propels us ahead on our path to personal and professional success. Action is the catalyst that transforms our hopes, desires, and intentions into measurable results. It necessitates that we venture outside of our comfort zones, overcome hurdles, and make deliberate efforts toward our goals. We delve into the necessity of proactivity, tactics for effective action-taking, and the transformative impact on our lives in this investigation of the path of action.

The Importance of Being Proactive
• **Taking Charge of Our Lives:** Being proactive allows us to take charge of our lives.

We actively engage with the environment rather than passively responding to it. By taking action, we take control of our destiny, defining our paths and generating possibilities for growth and achievement.

• **Moving from Intention to Execution:** Many people have fantastic ideas, goals, and plans, but they remain dormant unless they take action. Proactivity bridges the gap between intent and implementation. The driving force takes us from simply thinking about or discussing our objectives to seeking and achieving them. We bring our dreams and objectives to reality by embracing proactivity.

• **Creating Momentum:** Action generates momentum essential for long-term growth. When we deliberate toward our objectives, we create a positive feedback loop that fuels our motivation, confidence, and drive. Each action builds on the one before it, generating momentum that propels us ahead and raises our chances of success.

Strategies for Taking Effective Action
• **Set Clear and Specific Goals:** Goal clarity is critical for effective action-taking. Define your objectives clearly and set specific, measurable, attainable, relevant, and time-bound (SMART) targets. Goals give a road map for action, allowing you to focus your efforts and track your progress.

• **Break Down Tasks:** Large tasks can be daunting and impair our ability to act. Divide larger goals or tasks into smaller, more achievable steps. Doing so makes the procedure more approachable, boosts your confidence, and decreases your chances of procrastinating. Concentrate on one step at a time, recognizing each milestone.

• **Create a Plan:** A plan serves as a road map for action. Outline the steps, resources, and timescale required to achieve your objectives. A well-thought-out strategy provides structure and direction, allowing you to act purposefully and efficiently. However, it is critical to remain adaptable and flexible as circumstances change.

- **Take Consistent Action:** Consistency is essential in the route of action. Taking random or unplanned acts may produce ineffective consequences. Strive for persistent effort and development toward your objectives. Create a routine or timetable that includes time set out for activity. Even tiny, consistent activities add up over time to produce significant benefits.

- **Accept Risk and Learn from Failure:** Taking chances and venturing into the unknown are standard parts. Accept uncertainty and be willing to take measured risks to progress. Recognize that failures and setbacks are a normal part of the process. Consider them opportunities to learn, change your strategy, and improve. Accepting danger and failure as learning opportunities strengthens resilience and feeds future achievement.

Action's Transformative Impact
- **Personal Development:** Action catalyzes personal growth and development. By acting, we stretch our comfort zones, learn new talents, and gain vital experience. Every activity we perform shapes us, improves our abilities, and contributes to our personal development. We become more resilient, flexible, and self-aware due to our actions.

- **Achievement of Results:** It is an action that transforms our aspirations into measurable outcomes. We progress toward our aims, achieve milestones, and ultimately achieve our desired outcomes by taking conscious measures. Action makes dreams a reality and gives a sense of accomplishment and joy.

- **Increased Self-Belief and Confidence:** Taking action boosts our confidence and self-belief. We build a stronger sense of self-assurance as we perceive ourselves progressing, overcoming obstacles, and accomplishing results. The more we do, the more confidence we get in our skills to overcome hurdles and succeed.

- **Inspiring Others and Creating Change:** Our actions have a far-reaching impact. We motivate others to act by taking action and pursuing our goals. Our actions can potentially affect positive change in our communities, organizations, and society. As we lead by example, we become agents of transformation, inspiring others to take action and pursue their goals.

The path of action is a transformative journey that allows us to take control of our lives by moving from intention to execution and achieving significant results. We unleash our full potential and create opportunities for personal growth and success by adopting proactivity, creating clear goals, breaking down tasks, developing a plan, taking consistent action, and embracing risk. The action moves us forward, instills confidence in ourselves and others, and encourages good change in ourselves and others. Accept the path of action, for it is on this path that dreams become realities and aspirations become practical accomplishments.

TAKING INITIATIVE

Taking the initiative is a strong mentality and skill set to build in the quest for personal and professional success. Taking the industry entails proactively identifying opportunities, acting on them, and accepting responsibility for promoting positive change. It is about being proactive rather than reactive, allowing people to define their pathways, make a meaningful difference, and achieve their goals. In this inquiry, we will look at the importance of taking the initiative, ways for developing industry, and the transforming effect it has in various facets of life.

The Importance of Taking Charge
• **Creating possibilities:** Individuals who take the initiative can create their possibilities. Instead of waiting for opportunities to present

themselves, proactive people actively seek them out, discover gaps, and take action to fill them. Individuals open doors to new experiences, progress, and success by being proactive and seizing opportunities.

- **Personal Growth and Development:**
Personal growth and development are fueled by initiative. Individuals who venture outside their comfort zones face obstacles and learn new skills and knowledge. Regardless of the outcome, taking action creates resilience, adaptability, and constant learning. It motivates people on their path to self-improvement and allows them to realize their most significant potential.

- **Taking Initiative**: Taking initiative is a hallmark of effective leadership. Positive and effective cultures are created by leaders who take charge, initiate change, and inspire others to do the same. Individuals that show initiative demonstrate leadership attributes such as vision, courage, and a proactive approach. They motivate others to act and serve as catalysts for communal improvement.

Initiative Development Strategies
• **Cultivating a Growth Mindset**: Taking initiative requires a growth mindset. Accept that talents, abilities, and outcomes can be developed through hard work and education. Individuals with this perspective can embrace challenges, persevere in the face of setbacks, and see failure as a chance for growth. Individuals who cultivate a growth mindset are likelier to take the initiative and explore new opportunities.

• **Seeking possibilities for Growth:** Regularly look for possibilities for growth and development. Attend workshops, classes, or conferences to continue learning and seek feedback from mentors or peers. Individuals improve their knowledge and abilities by searching out growth opportunities, which feeds their ability to act aggressively.

- **Setting Ambitious and Challenging Goals**: Set ambitious and challenging goals that test your talents. Individuals are motivated to take the initiative, discover novel solutions, and push their boundaries when high goals are set. Goals that are difficult to achieve create a sense of purpose and motivation, developing a proactive mindset that propels people ahead.

- **Assume Ownership and accountability:** Accept accountability for your actions and decisions. Take responsibility for the results and lead in promoting change or addressing difficulties. Individuals who take ownership display their commitment, dependability, and readiness to take the initiative, winning the trust and respect of others.

- **Building Networks and Collaborations**: Make meaningful connections with like-minded people and seek collaboration opportunities. Surrounding oneself with a supportive network broadens your prospects, exposes you to different points of view, and allows for collaborative problem-solving. Collaborating with others improves your ability to take the initiative because you may use the pooled strengths and resources to promote positive change.

Taking the Initiative Has Transformative Power
• **Professional growth:** Taking the initiative is essential to professional growth. Proactive people stand out among their peers because they are willing to take on challenges, create innovation, and embrace leadership roles. Individuals that take the initiative in their careers boost their visibility, broaden their skill set, and open doors to new opportunities.

• **Entrepreneurial Success:** Taking the initiative is essential for entrepreneurship. To bring their ideas to life, entrepreneurs find unmet needs, develop new solutions, and take calculated risks. Entrepreneurs negotiate uncertainty, overcome barriers, and build profitable companies that make a difference in the world by taking decisive action.

• **Relationship Building:** Taking the initiative promotes both personal and professional ties. Proactive individuals take the initiative to seek out, engage, and build lasting relationships. Individuals develop solid networks and foster mutually beneficial connections by initiating conversations, collaborations, and acts of kindness.

The initiative is critical in promoting social change and creating a good influence in the community. Individuals that are proactive identify social issues, advocate for causes they support, and take action to address societal challenges. Individuals who take the initiative help to make the world a better place by inspiring others to do the same.

Taking charge is a powerful mindset and skill that allows people to mold their destinies, create chances, and achieve their goals. Individuals can acquire the initiative required for personal and professional success by creating a growth mindset, identifying growth opportunities, setting challenging goals, taking ownership, and forming collaborations. Taking the initiative changes people's lives, spurs innovation, and propels good change. Accept the power of proactive action and realize your ability to make a positive difference in the world.

OVERCOMING FEAR AND DOUBT

Fear and doubt are natural human emotions that can hold us back from realizing our full potential and achieving our goals. They often act as barriers, preventing us from taking risks, pursuing our passions, and stepping outside our comfort zones. However, overcoming fear and doubt is essential for personal growth, success, and fulfillment. In this exploration of overcoming fear and doubt, we delve into their nature, impact on our lives, and strategies for building courage and self-belief.

Understanding Fear and Doubt
• **Fear**: Fear is an instinctual response to perceived threats or dangers. It is a natural self-preservation mechanism that aims to keep us safe. However, fear can manifest as irrational or limiting beliefs hindering our progress. Common fears include the fear of failure, fear of rejection, fear of the unknown, and fear of judgment.

• **Doubt**: Doubt is the lack of certainty or confidence in oneself or one's abilities. The voice of uncertainty questions our capabilities, worthiness, or likelihood of success. Doubt often arises from past failures, negative experiences, or comparisons to others. It can undermine our self-confidence and discourage us from taking action.

The Impact of Fear and Doubt
• **Inaction and Missed Opportunities:** Fear and doubt often lead to inaction, preventing us from seizing opportunities or taking risks. We may hesitate to pursue our passions, apply for

new opportunities, or share our ideas due to the fear of failure or judgment. As a result, we miss out on potential growth, learning, and meaningful experiences.

• **Limited Growth and Personal Development:** Fear and doubt create self-imposed limitations restricting our growth and development. When we succumb to fear, we stay within our comfort zones, avoiding challenges or new experiences. This stagnation hinders our personal and professional growth and limits our potential.

• **Undermined Self-Confidence:** Fear and doubt erode our self-confidence and self-belief. Our confidence suffers when we constantly question ourselves and allow fear to dictate our actions. We may doubt our abilities, second-guess our decisions, and feel inadequate. This lack of confidence becomes a self-fulfilling prophecy that perpetuates a cycle of fear and doubt.

Strategies for Overcoming Fear and Doubt
• Identify and Challenge Limiting Beliefs: Recognize the limiting beliefs that fuel your fear and doubt. Challenge these beliefs by examining the evidence that supports or contradicts them. Replace negative self-talk with positive affirmations and realistic perspectives. Reframe your thoughts to focus on possibilities, growth, and resilience.

• Take Incremental Steps: Overcoming fear and doubt does not require diving headfirst into the unknown. Take small, incremental steps toward your goals. Gradually expose yourself to situations that challenge your comfort zone. Each small step builds confidence and demonstrates that you can overcome obstacles.

• Embrace Failure as a Learning Opportunity: Fear of failure often paralyzes us. Embrace failure as a natural part of the learning process. View setbacks as valuable lessons and opportunities for growth. Reframe failure as feedback and use it to refine your approach, gain wisdom, and become more resilient.

• **Seek Support and Encouragement:** Surround yourself with supportive and positive influences. Seek guidance from mentors, friends, or family members who believe in your abilities. Their encouragement and constructive feedback can bolster your confidence and provide a support system as you face your fears.

Practice Self-Compassion: Be kind and compassionate toward yourself. Recognize that fear and doubt are normal emotions that everyone experiences. Treat yourself with understanding and patience as you navigate through challenging situations. Practice self-care and engage in activities that boost your confidence and well-being.

Building Courage and Self-Belief
Visualize yourself successfully overcoming your fears and achieving your goals. Create vivid mental images of the desired outcomes and

the confident person you aspire to be. Visualization can help rewire your brain, enhance self-belief, and reduce fear and doubt.

• **Celebrate Small Wins:** Acknowledge and celebrate your achievements, no matter how small they may seem. Recognizing your progress boosts your confidence and reinforces your belief in your abilities. Each small win serves as evidence that you are capable of overcoming challenges.

• **Seek Growth Opportunities:** Seek opportunities that push you outside your comfort zone. Embrace challenges that provide opportunities for growth and learning. You build courage and expand your capabilities by continually seeking new experiences and pushing your boundaries.

• **Practice Mindfulness:** Cultivate mindfulness to stay present and centered in the face of fear and doubt. Observe your thoughts and emotions without judgment. Focus on the present moment and engage in activities that bring you joy and a sense of calm. Mindfulness helps you detach from fear-based thoughts and connect with your inner strength.

- **Reflect on Past Successes:** Reflect on past successes and times when you have overcome fear or doubt. Remind yourself of your achievements, resilience, and the strengths you possess. Use these positive experiences as a source of inspiration and motivation in overcoming current challenges.

Overcoming fear and doubt is a transformative journey that requires courage, self-belief, and a willingness to confront our limitations. We can break free from their grip by understanding the nature of fear and doubt, recognizing their impact on our lives, and implementing strategies to build courage and self-belief. Embrace the challenges, seize opportunities, and enter a life filled with growth, success, and fulfillment. Remember, within you lies the power to overcome fear and doubt and create a future defined by confidence and self-belief.

CHAPTER 4

TURNING ADVERSITY INTO ADVANTAGE

Life will inevitably be challenging at times. We all experience difficulties, disappointments, and challenges that can undermine our optimism, thwart our ambitions, and put our resiliency to the test. Adversity allows us to develop, gain knowledge, and change, though. We may not only overcome challenges but also thrive in the face of adversity by adopting a mindset that embraces adversity and looks for ways to use it as an advantage. We examine the significance of resilience, tactics for developing a resilient attitude, and the transforming potential of growth through adversity in this investigation of using trouble to your benefit.

The Value of Resistance
Resilience is the capacity to rebound from setbacks, adjust to change, and successfully

overcome challenges. It enables us to face life's challenges without losing our direction or feeling overwhelmed. Adversity is seen as a chance for progress by resilient people who are better able to handle challenging circumstances.

• **Overcoming Challenges:** Being resilient gives us the strength to face and persevere challenges head-on. Resilient people view challenges as opportunities to learn new skills, gain experience, and develop novel solutions rather than giving up or becoming demoralized by failures. In the face of difficulty, they retain a spirit of resolve and optimism.

• **Enhancing Mental and Emotional Well-Being:** Resilience is essential for enhancing mental and emotional well-being. It lets us control our stress levels, face challenges head-on, and keep an optimistic view. Even in trying circumstances, resilient people can control their emotions, get help when needed, and keep a balanced perspective.

The Best Ways to Develop a Resilient Mindset
Adversity frequently results from unanticipated changes or unknown conditions, so embrace change and uncertainty. Accept that change is inevitable and see it as a chance for development rather than a danger. Create a flexible, adaptive, and open-to-new-possibilities mentality. You may endure adversity with more ease and resilience if you embrace change.

Self-compassion requires treating yourself kindly and sympathetically when facing challenging circumstances. Be kind to yourself and understand that everyone faces obstacles and failures in life. Take care of yourself, partake in wellness-enhancing activities, and refrain from self-criticism. Self-compassion increases resilience and aids in recovery from adversity.

• **Create a Growth mentality:** Create a growth mentality, which is the conviction that skills and intelligence can be improved with work, experience, and education. Accept obstacles as chances for development and see failure as a springboard for success. A growth mindset allows you to view failures as temporary and inspires you to keep trying and improving.

• **Seek Connection and help:** Surround yourself with a network of people who can help you, such as friends, family, mentors, or support groups. Seek advice and inspiration from those who have overcome comparable difficulties. In addition to offering emotional consolation, talking about your problems and getting assistance can help you see things from different angles and uncover new ideas for dealing with challenges.

Create healthy coping mechanisms for stress and hardship by cultivating resilient coping mechanisms. This could be engaging in enjoyable and relaxing hobbies, exercising, practicing meditation, or journaling. For emotional processing and resilience-building, choose appropriate outlets.

The Power of Growth Through Adversity to Transform Lives

Adversity frequently compels us to step outside our comfort zones and face our limitations, leading to personal growth and self-discovery. We uncover inner fortitude, resiliency, and skills in these situations that we may not have known we possessed. Adversity acts as a motivator for development, introspection, and self-discovery.

Overcoming hardship helps us become more resilient and confident in our capacity to tackle problems in the future. Every time we endure a trying situation, we learn important lessons, acquire new abilities, and develop coping strategies that strengthen our resilience. The more challenges we triumph over, the more assured we are of our capacity to handle challenges in the future.

- **Developing Problem-Solving Skills:** Adversity frequently presents challenging issues that call for creative answers. Adversity helps us grow in our ability to solve problems, be resourceful, and be creative. We can think critically, approach problems from several sides, and find workable answers.

Overcoming adversity fosters empathy and sympathy for others who are going through similar difficulties. After going through the difficulties ourselves, we are more sympathetic, understanding, and eager to offer support. Adversity serves as a link between our experiences and others' problems.

Adversity can act as a catalyst for transformation and reinvention. Therefore, seize the chance. It frequently forces us to reassess our priorities, make necessary changes, and consider new options. Adversity inspires us to make constructive adjustments and forge new routes, providing opportunities for personal and professional growth.

Adversity-to-advantage transformation is a transformative process that calls for fortitude, a growth mentality, and a readiness to take on difficulties. We may unlock the potential of adversity by developing a resilient mentality, adopting coping mechanisms, and realizing the transformative power of progress via difficulties. Trouble becomes a chance to learn about oneself, grow, and develop resilience. Adopt a resilient mindset, see hardship as a springboard for success, and you'll easily overcome obstacles.

TRANSFORMING SETBACKS INTO OPPORTUNITIES

Failures are a necessary component of existence. Due to them, we could feel disheartened, discouraged, and unclear about how to move forward. Setbacks can, however, also be opportunities for development, education, and the identification of fresh possibilities. We may make the most of misfortune by developing resilience and adopting a mindset that views setbacks as agents of progress. In this investigation of turning setbacks into chances, we explore their nature, their effects on our lives, and techniques for reinterpreting setbacks to reveal untapped potential.

Recognizing setbacks

Setbacks are unforeseen challenges, failures, or disappointments that impede our progress toward an intended result. They might appear in your relationships, work, health, or personal objectives, among other areas of your life. We need to reevaluate our strategy and thinking when setbacks occur because they test our expectations.

• **Common Forms of Setbacks:** There are many different ways that setbacks can occur, including project failure, job rejection, breakup, and health setbacks. They might range from modest setbacks to significant life-changing occurrences. Whatever their size, setbacks affect our self-esteem, drive, and general well-being.

The Effects of Failures

• **Impact on feelings:** Setbacks frequently result in various feelings, such as disappointment, annoyance, despair, and even fury. They can undermine our self-worth and confidence, which can cause self-doubt and a fear of failing in the future. To handle disappointments and keep an optimistic view, emotional resilience is crucial.

• **Opportunities for Growth and Learning:** Failures offer a rich environment for development and learning. They highlight places to improve, learn new things, or gain insightful knowledge. We may enhance our skills and raise our chances of success in the future by accepting setbacks as teaching opportunities.

Setbacks put our capacity for adaptation and resilience to the test. They force us to reevaluate our plans, choose different routes, and overcome setbacks. Building resilience enables us to face challenges head-on and ultimately promotes growth on the personal and professional levels.

Techniques for Turning Obstacles Into Opportunities

- **Change Your viewpoint on Setbacks**: Alter your viewpoint on setbacks by framing them as worthwhile learning opportunities. Instead of dwelling on failure, use setbacks as chances to learn, hone your strategy, and build resilience. Consider yourself, "What can I learn from this setback?" and "How can I grow from this experience?"

- **Self-Reflection Exercise:** Give yourself time to consider the setback and your part. Determine any tendencies, actions, or choices that led to the failure. You can become more self-aware, make the required changes, and better understand your strengths and areas for development by engaging in self-reflection.

- **Setbacks as Course Corrections:** Consider setbacks as course corrections on your path to success. They allow you to reevaluate your priorities, values, and aspirations. Take the opportunity presented by setbacks to realign your course and make changes consistent with your true ambitions.

• **Seek Support and Feedback:** Speak with dependable friends, mentors, or coworkers for support and feedback. They can provide new insights, direction, and inspiration during tough times. You can obtain fresh perspectives, find blind spots, and unlock potential using constructive criticism.

• **Embrace Resilience and Persistence:** One can develop resilience by establishing a positive outlook and embracing perseverance. Recognize that setbacks are not insurmountable barriers that must be overcome permanently. Maintain your commitment to your objectives, your sense of resolve, and your forward motion despite obstacles.

• **Encourage Flexibility and Adaptability:** Be flexible and willing to change your plans or techniques in response to failures. Accept flexibility and receptivity to new opportunities. Unexpected changes and untried pathways frequently arise as a result of setbacks. You can adjust and take advantage of such chances if you embrace change.

- **Develop Optimism and Gratitude:** Keep a positive attitude by developing Optimism and Gratitude. Consider the benefits of the experience and the lessons you've gained. When you are grateful, you are less likely to focus on the setback and more likely to see the opportunity it brings.

Resilience, a change in perspective, and a readiness to accept change are necessary to turn setbacks into opportunities. Setbacks can be transformed into opportunities for progress by being reframed as teaching moments, engaging in self-reflection, getting help, and developing adaptation. Remember that failures do not diminish your potential or determine your value. Instead, they offer insightful information, encourage fortitude, and open doors to new opportunities. Accept setbacks as chances for change and release the hidden potential they possess.

USING OBSTACLES AS CATALYSTS FOR GROWTH

A natural element of life's journey is obstacles. They may come as unforeseen difficulties, setbacks, or restrictions that impede our development and put our resilience to the test. We can change challenges into forces that spur personal progress rather than seeing them as barriers. We may navigate through adversity, acquire essential lessons, and emerge more robust and resilient by adopting a mindset that views difficulties as opportunities. We examine the transforming impact of adversity, techniques for accepting challenges, and the growth mentality needed to realize their full potential in this investigation of employing obstacles as catalysts for growth.

The Power of Adversity to Transform
• **Developing Resilience:** Challenges offer the ideal training ground for developing resilience. They push us to continue facing difficulty, recover from failures, and adjust to shifting conditions. Overcoming problems helps us develop our resilience muscle, which makes it easier for us to handle obstacles and setbacks in the future.

• **Developing Problem-Solving Skills:** Obstacles frequently force us to use our imagination, consider several options, and hone our problem-solving abilities. They challenge us to leave our comfort zones, think critically, and develop new solutions to problems. We build our capacity for problem-solving and our resourcefulness through this process.

• **Gaining Self-Awareness:** Obstacles make us face our weaknesses, anxieties, and limitations. They offer a chance for self-reflection and self-awareness, enabling us to comprehend ourselves and our behavioral patterns. We can actively work on growing those facets of ourselves by becoming aware of where we need to improve.

Techniques for Accepting Challenges
 • **Change Your Perspective:** Reframe the way you view challenges. Consider them as chances for progress rather than as obstacles. Consider every difficulty as a test to help you advance and impart helpful knowledge.

 • **Develop a Growth mentality:** Adopt a growth mentality, which is the conviction that our skills and intelligence can be improved with effort, education, and tenacity. We can approach challenges with curiosity, openness, and a willingness to learn when we adopt a growth mindset. It enables us to view setbacks and failures as opportunities for improvement.

 • **Self-Compassion Exercise:** Be gentle to yourself when you encounter challenges. Recognize that failures happen to everyone and are a normal part of life. Treating mistakes and difficulties as chances for learning and progress rather than justifications for self-criticism or self-doubt can help you treat yourself compassionately.

- **Learn from Setbacks:** Pay attention to the lessons setbacks can teach you rather than their drawbacks. Consider what went wrong, note areas that need improvement, and draw meaningful conclusions from the event. Make the most of setbacks to advance personally and professionally.

Establish realistic goals by dividing larger objectives into more achievable activities. With this strategy, you can overcome hurdles one at a time while gaining momentum. Celebrate each minor success because it shows that you've made progress and inspires you to keep going.

- **Seek Support:** Speak with mentors, coaches, or dependable friends who can offer direction, inspiration, and counsel when overcoming challenges. Ask for opinions from people who have conquered comparable obstacles and take something away from their experiences. Positive connections can offer priceless knowledge and inspiration.

Obstacles, the Growth Mindset
• **Adopt a "Can-Do" Mentality:** Develop a positive outlook that welcomes difficulties and has faith in your capacity to overcome them. Adopt the perspective that challenges present chances for improvement and personal development.

• **Focus on Effort and Progress:** Instead of focusing simply on the results, emphasize your effort and advancement. Instead of focusing only on the outcome, evaluate success based on the lessons you've learned, the skills you've acquired, and your personal growth.

• **Accept Failure as a Stepping Stone**: Recognize that failure is necessary for learning. Accept failure as a chance to grow, change, and get better. Utilize failure as an inspiration to endure and move on your road to improvement rather than letting it demoralize you.

• **Accept Uncomfortable Situations:** Growth frequently occurs outside of our comfort zones. Accept the discomfort of dealing with challenges, which means pushing your boundaries and developing new skills. Be prepared to experiment, try new things, and venture into unfamiliar terrain.

It takes a mental shift, the adoption of a growth-oriented perspective, and techniques that turn adversity into an opportunity to use barriers as catalysts for growth. We may increase our resilience, improve our ability to solve problems and increase our self-awareness by perceiving challenges as opportunities for personal growth. By embracing hurdles, we get the confidence to face challenges head-on, gain insightful lessons, and develop into more robust, resilient people. Therefore, remember this the next time you encounter a roadblock on your journey: it can be an opportunity for development and change.

Accept it, take something away from it, and allow it to lead you along a path of professional and personal development.

HARNESSING THE POWER OF PERSISTENCE

One quality that distinguishes individuals who succeed from those who fail is perseverance. It is the unwavering determination to keep working toward goals in the face of challenges, disappointments, or setbacks. Utilizing the power of persistence enables people to overcome obstacles, persevere through hardship, and ultimately succeed. We examine the value of persistence, methods for developing it, and its transformational effects on personal and professional activities in this investigation of the power of persistence.

The Value of Perseverance
• **Overcoming Obstacles**: Persistent People can get around problems and setbacks. It gives you the willpower and resiliency to overcome

obstacles, develop new ideas, and keep going. Obstacles can easily discourage and stall progress if you lack perseverance.

• **Building Resilience:** The capacity to recover from failures and setbacks is strengthened by persistence. People who consistently work toward their objectives gain the mental and emotional toughness necessary to overcome challenges, learn from failures, and persevere in adversity.

• **Achieving Long-Term Goals**: Achieving long-term goals often requires consistent effort and commitment over an extended period. Even when progress is sluggish, or challenges appear insurmountable, persistence guarantees that people remain dedicated to and focused on their goals. It is the impetus that drives people toward long-term achievement.

Techniques for Developing Persistence
• **Establish Meaningful Goals**: Make sure your goals align with your values and aspirations by defining them clearly. Knowing precisely what you want to do gives you a sense of direction and motivation, which makes it simpler to persevere in the face of difficulties.

Develop a growth mindset, which is the conviction that skills and intelligence can be acquired through work and education. Accept obstacles as chances for development and view failures as teaching moments. A growth mindset promotes perseverance by seeing setbacks as stepping stones to success.

• **Divide Your Big Goals Into Smaller, Actionable Steps:** Divide Your Big Goals Into Smaller, Actionable Steps. With this strategy, the future route is less intimidating, and there is room for improvement and accomplishment. Celebrating minor accomplishments drives us to keep working for the bigger picture.

- **Accept Failure as Feedback:** Rather than allowing failure to demoralize you, consider it insightful feedback. Take lessons from your errors, modify your strategy, and continue. The road to achievement frequently includes failure, yet persistence enables you to recover more vital and resolutely.

Develop self-discipline and consistency by committing to work toward your goals consistently. To be persistent, one must commit daily to acting, regardless of how low one's motivation may be or how complex the environment may be. Establishing habits and routines that complement your goals will help you hold yourself accountable.

- **Seek Accountability and Support**: Surround yourself with people who will encourage and motivate you. Share your objectives with close friends, coaches, or mentors who you know will be able to offer advice, support, and accountability. Having a support system boosts your chances of overcoming challenges.

The Impact of Persistence on Change

• **Personal Development:** Persistence promotes personal development by pressuring people to improve and learn new things. It fosters a growth-oriented mindset, increases capacities, and strengthens resilience. People can improve their capacity to overcome obstacles and realize their full potential by working hard.

• **Professional Success:** In business, persistence frequently makes the difference between success and mediocrity. It allows people to get past hurdles related to their careers, remains dedicated to long-term objectives, and take advantage of possibilities that result in advancement. Persistent individuals exhibit a strong work ethic and a willingness to go above and beyond, making them excellent resources in the business.

Failure is a necessary component of any road toward achievement; thus, resilience in the face of failure is essential. Persistent people see failure as a brief setback and a chance for growth. They learn from their mistakes, modify their approaches, and relentlessly pursue their objectives, finally succeeding.

• **Increased Confidence and Self-Belief**: Persistent people gain confidence and self-belief from successfully conquering obstacles and attaining their objectives through steadfast effort. This self-assurance encourages further tenacity, starting a fruitful circle of achievement and development.

Utilizing the transforming force of persistence enables people to overcome challenges, accomplish long-term objectives, and promote personal and professional development. People can develop persistence by setting specific goals, adopting a growth mindset, accepting failure as feedback, and practicing self-discipline. Persistence has a transforming effect that goes beyond goal success; it enhances character, fosters self-confidence, and creates resilience. So embrace the power of perseverance, overcome obstacles, and open the door to achievement. Persistence will help you get past any difficulty and accomplish remarkable things.

CHAPTER 5

THE INNER CITADEL: CULTIVATING INNER STRENGTH

We frequently encounter several obstacles and challenges on our road through life, which puts our resolve and inner strength to the test. The construction of our inner fortress, which serves as a source of resiliency, self-mastery, and steadfast determination, is called the "inner citadel" notion. By strengthening our inner citadel, we can handle adversity with poise, keep our emotions in check, and succeed personally and professionally. In this investigation of the inner citadel, we examine the value of inner strength and methods for developing is in this investigation of the inner citadel.

The Importance of Inner Courage
• **Resilience in the Face of Adversity:** The capacity to overcome setbacks and adjust to difficult situations is built on inner strength. It gives us the strength of mind and heart to keep going in the face of challenges, disappointments, or setbacks.

• **Emotional Well-Being**: By assisting us in efficiently managing stress, worry, and negative emotions, developing inner strength improves emotional well-being. It enables us to keep our composure, perspective, and equilibrium even in trying circumstances.

• **Self-mastery and self-assurance:** inner power lets us control our ideas, emotions, and behaviors. It enables us to develop self-discipline, make deliberate decisions, and behave in accordance with our ideals. Self-mastery boosts our self-assurance and decision-making skills, improving our achievement in various spheres of life.

Techniques for Developing Inner Strength
• **Self-Reflection and Self-Awareness**: Start by becoming more self-aware of your traits, flaws, triggers, and behavioral patterns. Regularly reflect on yourself to learn more about your thoughts, feelings, and actions. You may pinpoint your areas of weakness and lay the groundwork for developing inner strength through this method.

Practice mindfulness and meditation to develop inner peace, concentration, and clarity. These techniques aid in mental peace, stress reduction, and self-awareness. Regular meditation enables you to experience your thoughts and feelings without passing judgment, which promotes resilience and inner serenity.

Develop positive habits that will promote your well-being and development by cultivating them. This could entail regular exercise, eating well, getting enough sleep, and doing things that make you happy and fulfilled. Positivity strengthens your inner citadel and improves your general well-being.

• **Accept Obstacles as Opportunities**: Adopt a growth mindset, which sees obstacles as chances for development and education. Accept challenges as stepping stones for your career and personal growth. Every block is an opportunity to develop and exercise your inner strength, enabling you to become stronger and more resilient.

Be likable and sympathetic to oneself by practicing self-compassion. Recognize that everyone has setbacks and disappointments as part of life and that challenges are a part of everyone's journey. Create a nurturing environment inside your inner citadel by being kind, forgiving, and understanding to yourself.

• **Seek Connection and Support:** Surround yourself with a network of friends, coaches, or mentors who can offer direction, inspiration, and a sympathetic ear. Share your struggles and goals with people you can rely on so they can provide insightful criticism and encouragement for your development.

The Power of Inner Strength to Transform
 • **Personal Development and Self-Actualization:** Realizing one's potential and purpose in life is accelerated by developing inner strength. You can negotiate difficulties, overcome obstacles, and accomplish your goals by strengthening your self-mastery, resilience, and emotional well-being.

Relationships are improved because inner strength promotes empathy, understanding, and emotional stability. You become more capable of handling confrontations, communicating clearly, and upholding appropriate limits when you develop inner strength. Relationships that are meaningful and fulfilling benefit from strong inner citadels.

 • **Professional Success:** The ability to rely on one's inner resources is essential. It helps you deal with stress in the office and keep your focus on your objectives. Your leadership, decision-making, and adaptation skills will be improved thanks to inner strength, a quality highly recognized in professional contexts.

• **Contribution to Society:** Finding inner strength enables people to have a beneficial influence on the environment. When you strengthen your inner strength and resilience, you can better support the issues you care about, support those who are struggling, and motivate good change.

The inner citadel symbolizes the development of inner strength, a reserve of resiliency, self-mastery, and steadfast resolve. By fostering our inner defense, we improve our capacity to face challenges, keep our emotions in check, and succeed personally and professionally. We can fortify our inner fortitude and build an impenetrable fortress within ourselves through self-reflection, mindfulness, constructive habits, and self-compassion. We experience personal development, strengthening bonds with others, professional achievement, and a tremendous impact on the world as we build our inner citadel. Accept the road of developing inner fortitude and release its transforming potential.

BUILDING EMOTIONAL RESILIENCE

Emotional resilience is a critical ability to negotiate adversity, recover from setbacks, and retain well-being. Emotional resilience is adjusting to and dealing with stress, hardship, and emotional upheavals. It entails developing inner fortitude, mental stability, and a positive outlook to handle challenging circumstances with resilience and emerge stronger. In this investigation of developing emotional resilience, we examine its significance, nurturing techniques, and the positive effects it can have on our lives.

Emotional Resilience: Its Value
• **Coping with Stress and Adversity:** There are many stresses and difficulties in life, such as

pressure at work, relationship problems, or unforeseen setbacks. Emotionally resilient individuals can better handle these stressors, overcome difficulties, and maintain mental health.

Emotional resilience is essential for preserving and advancing one's mental and emotional well-being. It aids people in controlling and regulating their emotions, lowering their risk of anxiety, depression, and other mental health issues.

• **Adaptability and Flexibility:** Building emotional resilience encourages adaptability and flexibility, which makes it easier for people to deal with change and unpredictable situations. Instead of being intimidated by obstacles, it empowers people to embrace them as chances for personal development and education.

• **Improved Problem-Solving Skills:** Being emotionally resilient helps people think clearly and logically under pressure, which improves their problem-solving abilities. It enables people to keep their perspective, consider several options, and make wise decisions despite time constraints.

Techniques to Foster Emotional Resilience
• **Build Self-Awareness**: The basis of emotional resilience is self-awareness. Spend time getting to know your emotions, triggers, and coping skills. Gain insight into your thought and behavior patterns by engaging in self-reflection. You can effectively regulate your emotions and develop resilience if you have a deeper grasp of yourself.

• **Develop a Positive Attitude:** Think positively and adopt a positive attitude. Don't linger on your shortcomings or setbacks; instead, concentrate on your accomplishments, opportunities, and strengths. Accept barriers as chances for improvement and see failures as transient roadblocks on your path to achievement.

Learn to recognize your emotions and efficiently control them by practicing emotional regulation. Take part in relaxation and stress-reduction techniques, such as deep breathing exercises, meditation, or relaxing hobbies. You can keep your cool and respond to difficulties in a helpful way by controlling your emotions.

• **Build Strong Support Networks:** Surround yourself with friends, family, or mentors who can offer emotional support and direction. Share your struggles with them and ask for their opinions. A network of friends and family can provide consolation, assurance, and varied viewpoints on how to deal with trying circumstances.

• **Build Problem-Solving Skills:** You can strengthen your problem-solving ability by breaking down problems into doable steps. Determine viable solutions, weigh the advantages and disadvantages, then take action. Taking a proactive approach to problem-solving aids in boosting one's self-assurance and resilience in the face of future challenges.

• **Practice self-care**: Prioritize your physical, mental, and emotional well-being while choosing self-care activities. Regularly exercise, eat a healthy diet, get adequate sleep, and make time for enjoyable and relaxing activities. Taking care of oneself gives you the strength and clarity to confront obstacles head-on and contributes to your ability to become more resilient.

Impact of Emotional Resilience on Society
• **Enhanced Well-Being and Mental Health:** Developing emotional resiliency helps to enhance both mental and general well-being. It supports people in maintaining emotional equilibrium, managing stress, and lowering their risk of mental health illnesses.

• **Relationships get better**: Stronger, more fulfilling relationships are fostered through emotional resilience. You can speak, handle disagreements healthily, and forge close relationships with others by controlling your emotions and keeping an optimistic outlook.

• **Success in the Workplace**: Having emotional stamina is beneficial. It aids people in overcoming obstacles at work, evolving with the times, and enduring disappointments. Resilient people are more likely to overcome challenges, seize chances, and accomplish their professional objectives.

• **Personal Development:** Developing emotional resiliency requires both personal development and self-discovery. People learn about their strengths, limitations, and areas for progress through difficulties. Emotionally resilient people can access their inner power, realize their potential, and constantly improve.

Building emotional resilience is a robust activity that equips people to handle life's difficulties with grace and strength. People can strengthen their emotional resilience by increasing self-awareness and positive outlook, practicing dynamic control, and mastering problem-solving techniques. Beyond simply being able to handle stress, emotional resilience transforms one's well-being, relationships, career, and personal development. Accept the process of developing emotional resilience and discover your inner power so you can handle the ups and downs of life with resiliency, optimism, and steadfast resolve.

DEVELOPING SELF-DISCIPLINE

The secret to success in both your personal and professional life is self-discipline. It describes the capacity to control and steer one's thoughts, behaviors, and actions toward predetermined objectives or intended results. Self-discipline development is a transformative process that calls for dedication, perseverance, and a clear sense of purpose. This study of self-discipline examines its significance, methods for developing it, and the enormous effects it may have on many facets of our life.

The Importance of Self-Control
• **Achieving Long-Term Goals**: Self-discipline is essential for long-term goal achievement. It allows people to maintain their attention, block out distractions, and work steadily toward their goals. Self-discipline enables people to create and uphold productive habits, efficiently manage their time, and advance despite obstacles.

Self-discipline enables people to practice new abilities, continually learn, and venture outside their comfort zones, supporting personal growth and development. It encourages accountability, resiliency, and perseverance, driving people to better themselves.

• **Mental and Emotional Health:** Developing self-control helps with mental and emotional health. It aids people in controlling their emotions and impulses and avoiding impulsive or damaging actions. Individuals with self-discipline can better make decisions consistent with their ideals, boosting their self-assurance and inner control.

- **Success in the Workplace**: Self-discipline is essential for success in the workplace. It makes it possible for people to do things quickly, fulfill deadlines, and work at a high level of productivity. Self-disciplined people are likelier to take the initiative, show dedication, and excel in their chosen fields.

Techniques for Increasing Self-Discipline
- **Set Clearly Defined Goals:** Establish clearly defined goals consistent with your values and aspirations. Divide more ambitious objectives into manageable, incremental steps. Clear objectives give direction and emphasis, making maintaining discipline and motivation more straightforward.

- **Create Consistent Habits**: Establish consistent habits that advance your priorities and ambitions. Establish a daily schedule that includes reading, working on projects, exercising, and meditating. Consistency strengthens self-control and creates momentum for reaching your goals.

• **Set Priorities for Time Management**: Self-discipline development depends on effective time management. Determine when you are most productive and set aside time for activities that call for concentration and focus. Reduce interruptions and use time-blocking strategies to increase productivity.

• **Practice Delayed Gratification:** The capacity to withstand current temptations in favor of long-term gains is known as delayed gratification. By refraining from impulsive actions and decisions, you can teach yourself to postpone gratification. Exercise restraint and remember the more extensive benefits of maintaining your discipline.

• **Create a Support Network:** Surround yourself with people who will uplift and motivate you. Ask for their help and support as you share your objectives with them. A solid support network may inspire, lead, and encourage you as you travel.

Fostering self-awareness involves paying attention to your thoughts, feelings, and other factors that could result in impulsive conduct. Practice mindfulness and reflection to identify patterns in your behavior and areas where self-discipline could be missing. You can intentionally reroute your activities toward disciplined choices if you are self-aware.

The Positive Effects of Self-Control

• **Enhanced Productivity and Efficiency**: Having self-control improves productivity and efficiency. People can achieve more in less time and succeed more in their undertakings if they maintain their attention, manage their time well, and avoid distractions.

Self-discipline builds mental resilience, making it easier for people to endure challenges and disappointments. It cultivates a spirit of resolve, adaptability, and perseverance, enabling people to move past setbacks and continue.

Self-discipline generates self-assurance and self-efficacy, which both increase confidence. People gain confidence in their skills and talents by continually taking disciplined actions and accomplishing their goals. This self-assurance carries over into all facets of life, enabling people to face new difficulties with assurance.

• **Improved Health and Well-Being:** Self-discipline includes activities like leading a healthy lifestyle, working out frequently, and making decisions that are best for one's physical and mental well-being. People who exercise self-control in these areas can benefit from better health, vitality, and overall well-being.

Gaining self-control allows people to take charge of their actions, ideas, and behaviors. It is a transformative journey. Individuals can establish the basis of self-discipline by creating clear goals, developing consistent behaviors, prioritizing self-control, and managing their time effectively. Goal achievement, personal development, emotional well-being, and professional success are just a few areas where self-discipline has a transformative effect. The key to a life of success, fulfillment, and self-mastery is to embrace the power of self-discipline, unleash your inner control, and open the door.

NURTURING INNER CALM

Nurturing inner quiet has become crucial for sustaining well-being, lowering stress, and finding balance in today's fast-paced and chaotic world. An inner peace, calmness, and serenity known as inner quiet enable us to overcome obstacles and control our emotions. A transformative path, developing inner peace calls for self-awareness, mindfulness, and deliberate activities. In this investigation of cultivating inner peace, we examine its significance, methods for doing so, and the significant effects it can have on our general well-being.

The Importance of Inner Peace
• **Stress Reduction:** Inner peace is a potent stress reliever. When we cultivate inner peace, we improve our capacity to control stress, lessen worry, and keep our emotions in check even when faced with difficulties. In the midst of the bustle of everyday life, inner stillness offers a haven of tranquility and security.

Emotional well-being is influenced by cultivating inner peace. It enables us to respond to circumstances logically as opposed to emotionally. Improved emotional intelligence and healthier relationships result from internal calm, which supports emotional regulation, self-control, and a higher feeling of clarity.

• **Mental Clarity and Focus Sharpened:** Inner calm aids in enhancing mental clarity and focus. We can focus better, make better decisions, and perform things with more presence and attention when our thoughts are clear and balanced. Our ability to face obstacles with clarity and calmness is made possible by inner calm, which encourages mental toughness.

- **Better Physical Health**: Our physical health is directly impacted by our level of inner peace. We experience a decline in the physiological reactions linked to stress, such as decreasing blood pressure and heart rate, when we lessen stress and cultivate inner peace. Inner peace encourages rest, renewal, and general physical health.

Techniques for Fostering Inner Peace
Use mindfulness to cultivate inner tranquility. Mindfulness is a potent discipline. It entails focusing on the present moment, impartially perceiving thoughts and feelings, and practicing non-reactivity. Regular mindfulness practices like mindful strolling in nature or mindful breathing exercises can support the development of inner peace.

Make self-care a priority since it is essential for fostering inner peace. Spend time prioritizing what makes you happy, calm, and refreshed. Take part in pastimes like reading, bathing, yoga, or nature. Taking care of your physical, mental, and emotional health promotes inner tranquility.

Designate areas in your house or place of business as "sacred spaces" to foster a sense of calm and peace. Make a distraction-free, clutter-free, and visually relaxing atmosphere. Incorporate gentle lighting, calming aromas, and natural materials to improve the ambiance and encourage inner tranquility.

Develop Gratitude and Positive Thinking: By developing gratitude and engaging in positive thinking, we may turn our attention away from criticism and toward appreciation. Keep a gratitude notebook, practice positive affirmations, or express thanks for your blessings regularly. By refocusing our thoughts on the positive aspects of life, these techniques encourage a positive outlook and cultivate inner tranquility.

• **Practice Relaxation Techniques:** To promote inner peace, include relaxation techniques in your regular practice. Deep breathing techniques, progressive muscle relaxation, or guided imagery can calm the body and mind. These methods trigger the relaxation response, which lowers tension and fosters inner peace.

The Positive Effects of Inner Calm
• **Enhanced Well-Being and Resilience:** Promoting inner calm helps with resilience and general well-being. Practicing inner stillness strengthens our ability to overcome obstacles easily, recover from failures, and keep our emotions in check. A sense of inner strength and resilience in the face of difficulty is fostered by inner calm.

• **Enhanced Self-Awareness**: Inner peace makes it easier to be mindful of oneself and reflect on it. We can more clearly examine our thoughts, feelings, and actions when relaxed and in our bodies. Our ability to better understand ourselves, recognize our triggers, and make decisions that are in line with our values and well-being is made possible by self-awareness.

• **Deeper Connections and Relationships**: Our relationships benefit from inner peace. When we cultivate inner peace, we become more aware of our surroundings, empathic, and sensitive to other people's needs. Our relationships with others are strengthened when we are at peace because it promotes clear communication, attentive listening, and a more vital capacity for compassion.

• **Increased Joy and happiness**: When we are peaceful inside, our lives are filled with more joy, happiness, and fulfillment. We may cherish the present, enjoy life's basic joys, and develop a strong sense of thankfulness when we are peaceful. Our experience of life and a general sense of well-being are both improved by inner quiet.

A transformative journey that brings peace, harmony, and tranquility into our lives is cultivating inner calm. We may build and preserve inner peace by practicing mindfulness, prioritizing self-care, creating sacred spaces, cultivating gratitude, and using relaxation techniques. Inner peace profoundly affects our lives, including stress management, emotional stability, mental clarity, and physical health. Accept the path of cultivating inner peace and discover the transformational potential of finding peace and tranquility despite the busyness of life.

CHAPTER 6

THE ART OF PERSEVERANCE

One essential quality distinguishing individuals who succeed from those who don't is perseverance. It is the capacity to persevere in the face of difficulties, failures, and challenges and to uphold steadfast resolve to accomplish one's objectives. The practice of perseverance is a transforming path that calls for mental toughness, resilience, and unwavering self-confidence. In this investigation of the art of perseverance, we explore its importance, methods for developing it, and the significant influence it may have on achieving success.

The Importance of Persistence
• **Overcoming Obstacles:** It takes perseverance to overcome setbacks and difficulties that come up to success. It enables people to overcome obstacles, failures, and disappointments without losing sight of their objectives. People with

perseverance can better look for alternate answers, absorb mistakes, and keep going forward.

Perseverance fosters resilience and the capacity to overcome challenges and become stronger. People can perceive setbacks as opportunities for growth and learning by cultivating a resilient mindset. By strengthening mental toughness through perseverance, people are better equipped to face problems in the future with assurance and serenity.

Perseverance is essential for long-term goals because it requires consistent work and dedication. Even when slow progress or challenges appear insurmountable, it keeps people motivated, engaged, and on track. Persistent individuals remain committed to their objectives and are prepared to put in the effort to accomplish them.

• **Character and grit Development**: Character and grit, which are traits connected to resiliency and determination, are developed via perseverance. It develops self-control, confidence, and the capacity to persevere in the face of difficulty. Perseverance lays the groundwork for success and molds people into tough, tenacious, and resilient people.

Techniques for Developing Persistence
Your first step should be clear, concrete, and relevant goals that align with your aims and values. Setting specific goals helps you stay focused and on track by constantly reminding you of your objectives. To stay motivated and recognize accomplishments, break larger goals into more achievable, smaller milestones.

Develop a growth mindset, the conviction that hard work and practice can improve skills and intelligence. Accept setbacks as chances for improvement and education rather than seeing them as obstacles. Insist on the need for change and acknowledge that obstacles are a necessary part of the path.

- **Develop Resilience**: Develop resilience by reinterpreting failures and setbacks as instructive opportunities. Instead of obsessing over the harmful elements, pay attention to the insights and lessons you've learned from these situations. To recover from failures and maintain resilience, use coping strategies, including encouraging self-talk, asking for assistance from others, and engaging in self-care.

- **Practice Being Persistent Every Day:** Being persistent is a skill that can be developed with regular practice. Become a daily practitioner of perseverance by resolving to move forward with baby steps. Remind yourself of your long-term goals when you lack motivation, and then take even the most minor action toward realizing them.

- **Seek Accountability and Support**: Surround yourself with people who support you and your goals. Tell them about your goals and ask for their encouragement, support, and accountability. A solid support network can offer encouragement, direction, and assurance when facing difficult situations.

The Impact of Perseverance on Transformation
 • **Success**: Perseverance is a crucial component of success. It enables people to persevere in adversity, overcome challenges, and remain devoted to their objectives. The possibility of attaining goals and reaching one's full potential is increased through perseverance.

Perseverance helps people become more confident and self-assured. People develop competence and self-assurance by persevering through difficulties and disappointments. Each minor triumph helps boost their confidence and belief in overcoming more significant obstacles.

Perseverance is the fuel that propels personal growth and development. It encourages constant learning, forces people out of their comfort zones, and cultivates resilience and flexibility. The difficulties encountered on the path of perseverance offer chances for skill improvement, personal growth, and self-discovery.

Perseverance can motivate and influence others. People set an example for others when they show unflinching resolve, resiliency, and the capacity to overcome challenges. Their standards of tenacity serve as an inspiration, encouraging others to pursue their ambitions.

The practice of perseverance is a transformative path that enables people to succeed, overcome challenges, and develop resilience. People can master the art of persistence and reach their full potential by setting clear goals, adopting a growth mindset, strengthening resilience, engaging in daily perseverance practice, and seeking support and accountability. The tremendous effects of persistence can be felt in many facets of life, such as achieving long-term objectives, growing in character and grit, gaining confidence, and motivating others. Adopt the skill of perseverance and face life's obstacles with unflinching resolve, resiliency, and the conviction that success is possible.

CULTIVATING GRIT AND DETERMINATION

Grit and determination help people succeed because they enable them to overcome difficulties, keep going in the face of setbacks, and accomplish their objectives. Grit and determination refer to the steadfast devotion and drive to achieve one's goals, whereas grit can be characterized as a combination of passion, tenacity, and resilience. It takes resilience, mental fortitude, and a growth mindset to cultivate grit and determination since it is a transforming journey. In this investigation into developing grit and determination, we explore their importance, methods for developing them, and their enormous influence on one's ability to achieve both personally and professionally.

The Importance of Willpower and Persistence

Grit and determination provide people the fortitude they need to face obstacles head-on and persevere through difficult times. People with tenacity and determination are more likely to recover from setbacks, learn from their errors, and keep pushing forward. These traits help people stay focused on their objectives while navigating challenging situations.

• **Sustained Effort and Persistence**: Tenacity and resolve to encourage a dedication to sustained effort and persistence. People with grit know that success involves perseverance, hard work, and commitment over time. Despite sluggish progress or insurmountable hurdles, they are prepared to put in time and effort to accomplish their goals.

• **Goal Achievement**: Perseverance and tenacity are essential for achieving long-term objectives. Even amid difficulties or distractions, they offer the inspiration and drive necessary to maintain focus on goals. Grit makes a person more inclined to endure difficulties, change course when things get tough, and ultimately succeed.

• **Personal Development**: Grit and perseverance are traits that help in personal development. Working toward challenging goals forces people to step outside their comfort zones, promotes learning and skill development, and builds resilience. Through the process, people increase their self-awareness, broaden their horizons, and realize their full potential.

Methods for Developing Grit and Determination

• **Clarify Your Purpose and Set Meaningful Goals:** To begin, determine your purpose and then set goals that align with your values and areas of passion. A clear sense of purpose is a beacon of direction and inspires you to stick with your goals. To sustain momentum and monitor progress, break your goals down into more achievable, smaller increments.

- **Create a growth mindset:** This attitude suggests that work and experience may improve skills and intelligence. Accept challenges as chances for development and see failures as teaching moments. Put a value on progress and ongoing learning rather than chasing immediate success.

- **Develop Resilience**: Grit and determination must be developed alongside resilience. Accept setbacks and disappointments as chances for development, education, and the fostering of resilience. Concentrate on locating answers, taking responsibility for your actions, and creating coping strategies to overcome obstacles. Establish a network of reliable people who can offer direction, inspiration, and support when tough.

- **Adopt a Positive Attitude**: Develop an optimistic attitude emphasizing opportunities, advancement, and self-belief. To fight self-doubt and keep motivation high, use affirmations and positive self-talk. Spend time with inspiring people, partake in inspiring activities, and build thankfulness for the trip and the accomplishments you have accomplished so far.

Practice Consistency and discipline are necessary for grit and determination. Create daily routines and behaviors that are consistent with your objectives and ideals. Set priorities for your chores, learn to successfully manage your time, and commit to consistently moving closer to your goals. You can count on discipline to keep you on course and advance even on days when motivation is low.

The Changing Power of Grit and Determination

Resilience is boosted by developing grit and resolve, which makes it easier for people to overcome obstacles, disappointments, and setbacks. The capability to persevere through adversity increases one's mental toughness and makes it easier to respond calmly and confidently to challenges in the future.

- **Achievement of Stretch Goals**: People can establish and accomplish stretch goals with grit and commitment. People with grit are ready to take on obstacles that test their boundaries and urge them to venture outside their comfort zones. In doing so, they accept the discomfort and unpredictability of chasing ambitious goals and ultimately produce outstanding achievements.

- **Personal Mastery and Skill Development**: Grit and perseverance promote personal mastery and skill development. Continuous growth and improvement result from the commitment and persistent effort put into honing one's skills. People with grit eventually master their trades, reach high skill levels, and become authorities in their subjects.

- **Increased Self-Efficacy:** Resilience and persistence increase self-efficacy. People become more confident in their talents when they overcome obstacles and accomplish their objectives with perseverance. Due to their enhanced self-confidence, individuals are better equipped to take on more considerable challenges, seize chances, and pursue lofty goals.

A transforming journey, developing grit and determination equips people to overcome hurdles, persevere in facing adversities, and accomplish their goals. Individuals can develop the traits of grit and determination by defining their purpose, adopting a growth mindset, fostering resilience, having a positive outlook, and engaging in discipline and consistency. These traits significantly impact various facets of life, such as resiliency in the face of difficulties, persistent effort and tenacity, goal achievement, and personal growth and development. Unlock your true potential to attain exceptional achievement and fulfillment by choosing the road of developing grit and determination.

OVERCOMING OBSTACLES IN PURSUIT OF GOALS

We frequently encounter roadblocks and difficulties when pursuing our ambitions, which might weaken our willpower and slow us down. However, conquering these challenges is an essential step on the road to success. We need tenacity, tenacity, and an intelligent strategy to overcome the obstacles that stand in our way. We examine the relevance of challenges, methods for dealing with them, and the transformational effects they can have on our personal and professional life in this investigation of overcoming hurdles in pursuing goals.

The Importance of Challenges
• **Opportunities for Growth**: Challenges offer chances for development and self-improvement. They push us beyond our comfort zones, learn new things, and have worthwhile experiences. Overcoming challenges compels us to create,

adapt, and learn from our mistakes, ultimately strengthening and improving us as people.

• **Goal-Refining**: Challenges can help us clarify our objectives and desires. When we face obstacles, we might need to reconsider our strategy, revise our plans, or change our objectives to ensure they stay reasonable and aligned with our priorities and values. Obstacles offer insightful feedback to direct us toward more worthwhile and reachable goals.

Overcoming challenges helps foster resilience, which is the capacity to endure difficulties and recover from adversity. Every time we succeed in overcoming a challenge, we grow in emotional fortitude, mental toughness, and confidence in our capacity to handle similar challenges in the future. Long-term success requires having the ability to bounce back from setbacks.

Obstacles can bring our hidden qualities and untapped potential to the surface. When confronted with difficulties, we frequently unearth abilities, talents, and inner resources. By overcoming challenges, we can realize our most significant potential and release our best selves.

Techniques for Surmounting Obstacles
Develop a growth mindset, which is the conviction that obstacles may be perceived as chances for learning and development. Adopt the perspective that challenges are not impassable walls but rather stepping stones to success. Approach challenges with curiosity, an open mind, and a desire to grow.

• **Plan and Prepare**: Spend time preparing for anticipated hurdles before starting your path toward a goal. Prepare for probable obstacles by anticipating them. Create a roadmap that considers probable roadblocks and breaks down your aim into smaller, doable steps. This proactive attitude will assist you in remaining organized and overcoming obstacles with ease.

Feel free to ask people for support and direction when needed. Speak with mentors, coaches, or other trustworthy people who have faced and overcome comparable challenges. They can help you overcome obstacles by providing insightful commentary, counsel, and motivation. Surround yourself with a network of people who can offer advice and support when things become challenging and who share your aims.

• **Learn from Failure**: View failure as a chance for improvement. Consider the lessons you've learned when you face challenges or disappointments. Examine what went wrong, note areas that need improvement, and modify your methods as necessary. Failure does not indicate your value or skill; viewing it as a worthwhile learning opportunity can serve as a springboard for success.

• **Keep a Positive Attitude**: Maintain a positive attitude and concentrate on finding solutions rather than concentrating on the difficulties. To keep a resilient mentality, use affirmations and positive self-talk. Seek motivation from success stories, inspirational sayings, or upbeat communities to surround yourself positively. Keep in mind that your attitude can have a significant impact on your capacity to overcome challenges and accomplish your goals.

The Positive Effect of Overcoming Challenges

- **Increased Self-Confidence:** Overcoming challenges increases self-confidence and self-belief. Every trial you face provides proof of your abilities, reaffirming your ability to overcome obstacles and accomplish your objectives. Your confidence grows with each victory, enabling you to approach upcoming challenges with a positive outlook.

Overcoming difficulties helps to develop adaptation and flexibility. As you overcome obstacles, you learn to modify tactics, accept change, and develop creative solutions. This adaptability enables you to change course when necessary, maintain agility in a dynamic environment, and capitalize on unforeseen circumstances.

• **Improved Problem-Solving Capabilities:** Overcoming challenges calls for enhanced problem-solving abilities. You learn to think creatively, analyze circumstances, and develop novel solutions as you encounter obstacles. These problem-solving abilities help you in many aspects of your personal and professional life beyond the particular challenges you face.

• **Comfort Zone Expanded**: Surmounting challenges increases your comfort zone. Through persistence and drive, what was once complex and daunting becomes comfortable and manageable. You expose yourself to fresh possibilities and encounters by persistently stepping outside your comfort zone, fostering personal growth and development.

Achieving success and finding personal contentment requires overcoming barriers in pursuing goals. Accept the importance of challenges as chances for development, goal-fine tuning, resilience-building, and realizing your full potential. You may successfully overcome challenges and alter your life by adopting a growth mindset, making plans and preparations, asking for help and advice, taking failure to heart, and keeping an optimistic outlook. Overcoming hurdles transforms self-confidence, adaptability, problem-solving abilities, and comfort zone. Accept the obstacles and use them as stepping stones to achieve your objectives and desires.

MAINTAINING MOMENTUM IN THE FACE OF CHALLENGES

As we achieve our objectives and desires, we will inevitably encounter difficulties and roadblocks. These obstacles can put us to the test and possibly halt our development if we let them. However, one must retain momentum in the face of barriers to progress and ultimately succeed. Resiliency, tenacity, and strategic tactics are necessary to stay going even during the most trying moments. We examine the importance of momentum, tactics for overcoming problems, and techniques for being inspired and goal-focused in this investigation of keeping momentum in the face of difficulties.

The Importance of Motion
• **Continuous Progress**: Our forward movement toward our objectives is fueled by momentum. It enables us to continue moving forward even in the face of obstacles. Maintaining momentum prevents stagnation and ensures we continually get closer to the desired results.

• **Overcoming Resistance**: Internal and external Resistance is a standard part of challenges. Momentum helps us overcome this resistance by providing the required energy and resolve to push over difficulties. When we encounter obstacles, it helps us stay aware of the broader picture and allows us to find other answers.

- **Building Confidence**: Keeping up the pace increases confidence. Our faith in our capacity grows as we move closer to our objectives. Every little victory or accomplishment increases our self-esteem and inspires us to press on in the face of obstacles or uncertainties.

- **Increasing Productivity**: Momentum promotes productivity by establishing a sense of flow and rhythm in our work. We are more likely to be involved, concentrated, and productive in a momentum state. To tackle duties and obstacles effectively, it helps us avoid procrastination.

Techniques for Preserving Momentum
- **Establish Specific and Clear Goals**: Clearly state your objectives and divide them into manageable segments. Clarity and focus that comes from having specific goals make it simpler to keep the momentum going. Ensure your objectives are SMART (measurable, achievable, relevant, and time-bound). You can stay on course and keep your motivation even in

the face of obstacles if you have a clear direction.

- **Create a Resilient attitude**: Develop a resilient attitude that views obstacles as opportunities for personal development. Accept that challenges and setbacks are a normal part of the path. Consider obstacles as learning opportunities that can help you become stronger and more capable rather than letting them deter you. Embrace optimism and a positive mindset, looking for workarounds when obstacles arise.

To maintain momentum, break up extensive, overwhelming activities into manageable chunks. Divide them up into more manageable portions. You can consistently go forward and keep up your momentum by concentrating on one task at a time. Celebrate each finished step because it gives you a sense of success and inspires you to keep going.

- **Keep Your Mind Open to Change:** Keep an open mind that enables you to adjust to changing situations. Your plans may need to be modified due to unforeseen difficulties and barriers. Accept the necessity for flexibility and be receptive to new ideas. You can overcome unexpected obstacles and maintain your momentum by being versatile to find new answers.

• **Seek Accountability and Support**: Surround yourself with people who can offer you accountability, support, and direction. Share your objectives and development with close friends and family members who can be there for you when things go tough. They can provide insightful guidance, inspiration, and encouragement to support you in maintaining momentum and overcoming challenges.

Techniques for Maintaining Motivation and Focus
• **Visualize Success**: Picture what success looks like for you in your mind. Imagine attaining your objectives, enjoying the intended results, and experiencing the beneficial effects it will have

on your life. Utilize this mental image as a source of inspiration and a reminder of why you work toward your objectives.

• **Celebrate Small Successes**: Recognize and appreciate the little victories you have along the path. Recognize and value your accomplishments, regardless of how small they may seem. Celebrating tiny victories strengthens a positive outlook, increases drive, and strengthens the conviction that you are moving in the right direction.

Take care of your physical, mental, and emotional well-being by engaging in self-care. Take part in rejuvenating and energizing activities. Place a high priority on getting enough sleep, working out, eating well, and engaging in enjoyable activities. When you look for yourself, you can better overcome obstacles and keep up your momentum.

• **Maintain Inspiration**: Surround yourself with motivating and goal-focused sources of inspiration. Read books, listen to podcasts, or keep up with people who have succeeded in your area or overcame comparable obstacles. Look for inspirational material, and surround yourself with encouraging people to strengthen your resolve and devotion.

- **Track Your Progress**: Keep tabs on your advancement to stay motivated and on track. Use tools like notebooks, to-do lists, or progress trackers to keep track of your accomplishments. Visualizing your progress may be inspiring and keep you focused on your objectives.

For continued advancement and ultimate achievement, it's imperative to maintain momentum in the face of obstacles. Recognize the role momentum has in advancing you, getting past obstacles, boosting confidence, and increasing productivity. Implement tactics including establishing precise objectives, cultivating a resilient mindset, dividing work into manageable portions, remaining adaptable, and looking for help and responsibility. Use techniques for keeping motivated and engaged, such as tracking your progress, appreciating minor victories, engaging in self-care, and envisioning accomplishment. By utilizing these strategies, you can overcome obstacles, keep up your momentum, and advance toward your goals even when faced with difficulties.

CHAPTER 7

FINDING MEANING IN THE OBSTACLE

We frequently experience frustration, defeat, and self-doubt due to difficulties, setbacks, and hurdles. But behind these apparent obstacles is the possibility for development, fortitude, and, finally, realizing true meaning. This essay examines deriving significance from problems by demonstrating how obstacles may transform and provide priceless lessons that mold our personalities and a sense of purpose.

- **The Character of Challenges:** Obstacles can take many forms, from internal issues like failures, losses, and adversity to external issues like societal restrictions and limitations. They cause us to adjust our plans, reevaluate our objectives, and step outside our comfort zones. At first, challenges could seem overpowering and scary, leaving us dejected and frustrated.

However, a shift in viewpoint can reveal their untapped potential and enable us to accept them as drivers of our personal development.

- **Resilience and Development:** Challenges offer chances to develop resilience and promote personal development. People are forced to draw on their inner strength, tenacity, and resolve when faced with difficulty. Resilience, the capacity to recover from setbacks, and the capacity to adjust to changing circumstances are necessary for overcoming hurdles. Each obstacle we successfully overcome builds our character and gives us the resources we need to take on new ones.

In addition, challenges push us to leave our comfort zones and venture into unfamiliar territory. They encourage us to explore new facets of who we are and untapped aptitudes, abilities, and skills. We mature as people due to this process of self-discovery, learning more about our advantages and disadvantages and becoming more self-aware.

- **Challenges can be reframed as opportunities:** It is essential to reframe problems as chances for growth and self-improvement to find purpose in difficulty. We might see challenges as stepping stones on our path to personal fulfillment rather than as barriers. By changing our perspective, we allow ourselves to learn vital lessons and have life-changing encounters that help to mold our character and move us toward a more fulfilling lifestyle.

- **Challenges and Characteristics**: Considering our individual beliefs and guiding principles is crucial when facing challenges. Obstacles frequently offer the chance to match our actions with our core beliefs while testing the strength of our convictions. For instance, when faced with moral conundrums or adversity, our values can act as guiding principles that direct us through the difficulties and help us make choices consistent with our sense of integrity.

In addition, challenges present an opportunity to decide what matters most. They make us reexamine our objectives and aims and reveal our most ardent aspirations. By facing challenges head-on, we become more aware of our values and purpose, which enables us to lead more authentic and fulfilling lives.

- **The Influence of Resistance**: Finding significance in the challenge requires resilience. Resilient people can adapt to change, recover from setbacks, and endure hardship. By practicing resilience, we can cultivate a mindset that sees obstacles as transitory setbacks rather than insurmountable ones. This way of thinking enables us to remain hopeful, upbeat, and persistent even under the most trying conditions.

Additionally, resilience helps us learn from our mistakes. Obstacles frequently carry the possibility of failure, but by maintaining a positive outlook, we can learn essential lessons from our setbacks. Loss is transformed into a chance for improvement and a benchmark for achievement. The capacity to view failure as a teaching opportunity aids in our ability to develop resilience and, eventually, find meaning in the midst of difficulty.

- **Empathy and Barriers:** Developing empathy and compassion for others is another aspect of finding meaning in the challenge. When faced with difficulties, getting self-absorbed and concentrating only on our problems is simple. But by altering our viewpoint and realizing that everyone has unique challenges, we develop empathy and a sense of interconnectedness. By creating deep connections and a sense of purpose that extends beyond our issues, this understanding enables us to help and encourage those dealing with their challenges.

A change in thinking and viewpoint is necessary for the transforming process of finding meaning in the challenge. We can unleash the potential for personal development, self-discovery, and a more fulfilling existence by redefining difficulties as growth opportunities, acting according to our fundamental beliefs, fostering resilience, and learning to empathize.

Instead of letting challenges overcome us, we can view them as character-shaping experiences that teach important lessons and help us live more meaningful lives. Our entire potential and the extent of our perseverance are revealed by the difficulties we confront, and in the end, it is through adversity that we find significant meaning.

DISCOVERING PURPOSE IN ADVERSITY

Adversity, characterized by difficult situations, setbacks, and hurdles, is a necessary component of existence. As a result, we frequently feel overburdened, frustrated, and unsure of where to go next. Adversity, however, offers the chance for profound self-discovery and the revelation of one's purpose. This essay explores finding meaning in misfortune, emphasizing how difficulty may foster personal development, fortitude, and realizing a meaningful existence.

The use of difficulty as a catalyst for introspection

Adversity has a way of exposing our core fears, ambitions, and ideals by removing the outer layers of our existence. When faced with difficult circumstances, we must consider our decisions, priorities, and the course of our lives. This self-examination allows us to reevaluate our objectives, convictions, and what is most important to us.

We are frequently forced outside of our comfort zones during times of struggle, which allows us to tap into previously untapped inner resources, qualities, and abilities. We become more aware of our passions, interests, and values that define us through self-reflection. Adversity catalyzes self-discovery, guiding us to pursue lives that align with our fundamental calling.

The Ability to Grow and Survive Under Stress

Adversity serves as a testing ground for one's character and resiliency. We have opportunities to develop resilience through challenging events, which is the capacity to rebound from failures and adversity. Adversity helps us develop the fortitude to persevere through challenges and conquer them, which in turn helps us develop the resilience required to deal with life's ups and downs.

Adversity also puts our character to the test and reveals our actual potential. During trying circumstances, we draw on unseen assets like tenacity, bravery, and persistence. We build confidence in our capacity to overcome challenges as we navigate through hardship and obtain a deeper awareness of our capabilities. Through this process, we understand that our goal isn't just success but also the growth and change that takes place along the way.

Understanding the Purpose of the Battle
A feeling of meaning and purpose in life can be found through adversity. We frequently wonder

why we are struggling when we are in difficult situations. But it's at these trying times that we can find the most meaningful meaning. Adversity pushes us to discover a greater purpose than our aspirations and objectives. It challenges us to think about how we might improve the lives of others and have a positive influence on the world.

Adversity can also help us grow in compassion and understanding for people who are going through similar difficulties. It broadens our comprehension of the human condition and strengthens our sense of unity. We find a deeper purpose beyond our struggles when we use our misfortune to encourage and help others.

Using adversity to create opportunities for growth
Changing our perspective and seeing difficulties as chances for progress is crucial if we want to find meaning in hardship. Adversity can be viewed as a stepping stone toward personal and spiritual growth rather than a barrier to

overcome. Adversity teaches us valuable lessons, and by accepting these teachings, we can use our problems as springboards for personal development.

Adversity frequently highlights our resiliency, qualities, and abilities that we might not have otherwise noticed. It allows us to learn new things, broaden our knowledge, and mature. By conquering obstacles, we strengthen our capacity to carry out our purpose and leave a lasting impression on the world.

Resilience and the Search for Meaning
Bouncing back from hardships is crucial to finding meaning in difficulties. By developing resilience, we can overcome setbacks, adjust to change, and keep moving forward despite our challenges. Even in the face of hardship, resilience enables us to preserve hope, optimism, and a sense of purpose.

When faced with challenging circumstances, resilience enables us to see past the present difficulties and concentrate on the broader picture. When the path is uncertain, it gives us the strength to keep going, learn from our mistakes, and continue chasing our goals. Adversity forges our resilience, and this drive leads us to our ultimate calling.

Introspection, perseverance, and a change in perspective are necessary to find purpose in adversity. We unlock the capacity to discover our true purpose in life by accepting difficult situations as opportunities for self-reflection, personal growth, and the development of resilience. Adversity catalyzes self-discovery, resilience development, and the understanding that there is more to life than our challenges.

Adversity teaches us how to negotiate life's complexities, unearth the underlying significance of our experiences, and forge strong connections with others. We can find our purpose and leave a lasting impression on the world by accepting the growth possibilities of hardship and remaining resilient in the face of difficulties.

THE ROLE OF OBSTACLES IN PERSONAL GROWTH

Obstacles are a necessary part of life's journey. They often arouse disappointment and demoralization and come in various structures, such as challenges, setbacks, and restrictions. However, it is via overcoming these obstacles that we significantly advance ourselves. This essay explores obstacles' role in self-improvement, emphasizing how they present opportunities for learning, adaptability, self-revelation, and, ultimately, the recognition of our maximum potential.

Adaptation and Learning
As important teachers, obstacles give us opportunities to grow and change. We are forced to seek solutions, learn new skills, and broaden our perspectives when faced with challenges. Every difficulty offers a unique situation

requiring creative, critical thinking, and incisive reasoning. Due to this connection, we develop shrewdness and the ability to examine potential hurdles more.

Additionally, obstacles allow us to consider alternative viewpoints and methodologies. They put to the test our preconceived notions and beliefs, enabling us to embrace adaptability and receptivity. Accepting the opportunity to benefit from deterrents helps us broaden our perspectives, refine our ability to comprehend the outside world, and improve our capacity to adapt to changing situations.

Versatility and internal fortitude
Snags have a significant impact on our internal strength and flexibility. They ask us to use our courage, diligence, and assurance, pushing us outside our comfort zones. It takes fortitude to overcome setbacks and the ability to pick yourself up and keep moving forward to overcome obstacles.

Every obstacle we overcome strengthens our adaptability and arms us with the psychological and domestic tools needed to handle challenges in the future. As we persevere through suffering, we get more confident in our ability to overcome challenges and emerge stronger on the other side. This adaptability encourages self-improvement and encourages us to face our vulnerabilities head-on and with courage.

Revelation of the Self and Mindfulness
Snags have a significant impact on mindfulness and self-reflection. They exhort us to assess our strengths, weaknesses, and values. When faced with obstacles, we frequently find hidden skills, talents, and qualities that we may not have been aware of before. Obstacles open the door for self-reflection, allowing us to delve deeply into our innermost selves and better understand who we are and what matters most.

Deterrents also force us to confront our fears, uncertainties, and roadblocks. They push us to overcome our obstacles and venture beyond our comfort zones. By doing so, we discover the extent of our adaptability, internal resources, and capacity for self-improvement. We obtain a considerable sense of identity assurance and self-conviction via overcoming obstacles, which propels us toward further growth and self-disclosure.

Recognizing and Accepting Change
Obstacles usually accompany periods of advancement and development. They disrupt our plans, timetables, and presumptions, forcing us to adapt and grow. Change, though usually uncomfortable, is a necessary component of self-improvement. It prompts us to reexamine our goals, viewpoints, and needs, motivating us to make crucial changes and open new opportunities.

Obstacles provide fertile ground for personal transformation. They offer vital catalysts for reflection, self-improvement, and reevaluating our life course. When we overcome obstacles with an open mind and a desire to change, we embark on a life-changing journey that broadens our perspectives and enables us to become the finest versions of ourselves.

Empathy and Compassion
Deterrents promote internal growth, as well as the fostering of compassion and empathy for others. As we examine our struggles, we create a deeper understanding of the struggles faced by others. This realization leads to more empathy and sympathy since everyone has their obstacles and struggles.

Overcoming obstacles enables us to empathize with others' struggles, providing a foundation for encouraging and motivating others. Our growth and adaptability serve as a source of inspiration and encouragement for others dealing with similar challenges. We create a stable environment that fosters individual growth and self-awareness by valuing compassion and empathy.

In self-awareness, obstacles play a significant role as catalysts for growth, perseverance, self-revelation, and change. They provide crucial examples, affirm our adaptability, and foster attentiveness. Obstacles force us to adapt, accept change, and comprehend our utmost potential.

Through overcoming obstacles, we strengthen our capacity to explore the complexities of life, confidently face new challenges, and create a method of self-awareness and fulfillment. By viewing obstacles as potential portals for growth, we unlock our natural capacity for adaptability, creativity, and self-disclosure, ultimately leading to a better and more meaningful existence.

EMBRACING THE JOURNEY, NOT JUST THE DESTINATION

In our goal-oriented, fast-paced culture, we frequently ignore the value of the trip in favor of the final product or the destination. We need to catch up on the rich experiences, personal development, and fulfillment that can be had along the path as we concentrate on completing tasks and reaching milestones. However, living a happy and meaningful life depends on appreciating the road and the destination. It encourages us to enjoy the moment as it is, draw wisdom from our past, and take joy in working toward our objectives. In this investigation of embracing the journey, we explore the meaning of the journey, coping mechanisms for embracing it, and the life-changing potential it possesses.

The Importance of the Trip
• **Personal Development and Self-Discovery:** Pursuing our objectives presents endless chances for personal development and self-discovery. We grow resilient, increase our capabilities, and better understand ourselves as we work through difficulties, pick up new skills, and push our limits. Overcoming challenges, adjusting to change, and learning from our experiences help us become more rounded and self-aware.

- **Present-Moment Awareness:** By accepting the journey, we can learn to develop this quality. We become fully engaged in the work at hand when we change our attention from the destination to the present, appreciating each encounter's beauty and richness. We cultivate a sense of mindfulness, gratitude, and heightened awareness of our surroundings by immersing ourselves in the present moment.

Finding happiness and contentment is independent of reaching our goals. It comes from accepting and enjoying the journey itself. We feel a deep feeling of satisfaction and fulfillment when we enjoy the process, recognize modest successes, and give our efforts purpose. Instead of being a means to an objective, the journey becomes its destination.

- **Building Character and Resilience:** The journey tests our character and resilience. It makes us vulnerable to obstacles, failures, and unforeseen detours. We build resilience, tenacity, and perseverance by accepting difficulties and disappointments. These characteristics are precious in all aspects of life and help us advance personally and professionally.

Techniques for Accepting the Journey

Establish Meaningful Goals: While goals are essential, ensure they align with your values and interests. Consider why you desire to accomplish these objectives and how they add to your overall sense of contentment. You can pursue the journey with purpose and passion by making deliberate goals.

 • **Develop Mindfulness**: To cultivate mindfulness, focus on the present moment. Engage your senses, pay attention to your thoughts and feelings without judgment, and give your all to whatever you do. By practicing mindfulness, you might feel more connected to the journey and enjoy the little things.

 • **Practice thankfulness**: Develop thankfulness for the path, considering both the victories and the difficulties. Spend some time thinking back on the things you've learned, the things you've grown into, and the people who have helped you along the road. By expressing thankfulness, you can help yourself focus on the positive aspects of the experience and develop an appreciation for them.

- **Accept Uncertainty and the Unknown:** Accepting the trip necessitates accepting uncertainty and the unknown. Allow yourself to welcome ambiguity and be open to new possibilities rather than trying to maintain total control and predictability. Taking uncertainty encourages innovation, adaptability, and a readiness to investigate new avenues and viewpoints.

- **Celebrate accomplishments and Milestones:** As you travel, be sure to recognize and honor your accomplishments and milestones. Appreciate the time, energy, and hard work you have invested. Celebrating these achievements strengthens a sense of accomplishment, increases drive, and offers the inspiration to keep moving forward.

The Positive Effects of Accepting the Journey
• **Greater delight and Fulfillment**: Accepting the trip increases our lives' delight and contentment. We feel more fulfillment and contentment when we enjoy the process and look for meaning in each stage. No matter what happens, the journey itself is enlightening and fulfilling.

Resilience and flexibility are strengthened when you embrace the trip. We can overcome obstacles with grace and tenacity when accepting and welcoming difficulties, setbacks, and unexpected turns. This adaptation and resilience help us not only accomplish our goals but also get through challenges in the future.

• **Lifelong Learning and Growth**: The trip offers ongoing learning and development opportunities. Positive or negative, every experience gives priceless insights and lessons.

We encourage personal and professional development by actively seeking improvement opportunities, reflecting on our experiences, and implementing lessons learned.

- **Deeper ties and Relationships:** We can foster stronger ties and bonds with others by embracing the journey. We know how crucial assistance, cooperation, and shared experiences are. We develop deep relationships and promote a sense of community when we include people in our journey and provide them our support in theirs.

A transformational mentality that enables us to find fulfillment and joy in pursuing our objectives embraces the journey rather than focusing on the final destination. It encourages us to place a high value on our development, awareness of the moment, and resiliency. We can completely embrace the trip and feel its transformational influence by setting deliberate goals, practicing mindfulness and thankfulness, facing the unknowable, and celebrating accomplishments. The trip ultimately enriches our lives and helps us become the best versions of ourselves by being a source of joy, contentment, and lifelong learning. Accept the journey since it is there that we truly discover who we are.

CONCLUSION

UNLEASHING YOUR INNER WARRIOR

Embracing the journey reveals that barriers are not hindrances or detours on our way to achievement but essential components of the trip itself. Obstacles are the only route forward, growth drivers, and transformational chances. They put our fortitude to the test, challenge our assumptions, and push us to new heights. We realize our true potential and the incredible strength within us by adjusting our attitude and embracing adversity as the only road to success.

• **Growth Catalysts**: Obstacles provide the required resistance and friction for growth. They drive us to confront our limitations, step beyond our comfort zones, and learn new skills and abilities. We evolve, adapt, and become better versions of ourselves by overcoming challenges. We would remain stationary and unchallenged if there were no hurdles, unable to realize our potential ultimately.

• **Reframing hurdles:** Accepting hurdles as the only route requires reframing obstacles as possibilities. Rather than perceiving problems as setbacks or failures, we might see them as excellent learning opportunities and stepping stones to achievement. Each challenge is an opportunity to learn, innovate, and discover new paths. Adopting this mindset enables us to face obstacles with tenacity, inventiveness, and a growth-oriented mindset.

• **Building Resilience**: Obstacles put our resilience to the test, which is a necessary trait for success. When we confront adversity, setbacks, or failures, we can develop resilience by bouncing back, adapting, and enduring. Accepting hurdles as the only route forward fosters a resilient mindset, allowing us to resist trials, sustain motivation, and keep going despite difficulties.

• **Unleashing Hidden Potential**: Obstacles have a unique way of bringing our hidden potential to light. They force us to tap into our inner power, inventiveness, and ingenuity by pushing us beyond our imagined limits. When challenged, we frequently uncover abilities, talents, and solutions we were unaware of. Accepting hurdles is the only way to reach our most significant potential and tap into our natural powers.

• **Character Development**: Obstacles develop our character and define who we become. They put our determination, tenacity, and honesty to the test. We can acquire virtues such as patience, courage, humility, and persistence by accepting difficulties as the only path. These character traits not only help us grow as individuals but also improve our capacity to handle future problems and capture opportunities.

• **Changing Our Attitudes Toward Failure:** Accepting hurdles as the only way out changes our attitude toward failure. Failure is no longer regarded as a final destination but rather as a temporary setback and an opportunity for advancement. We learn vital lessons, gain insights, and develop resilience via failure. Embracing hurdles teaches us to accept failure as a necessary step toward success and a necessary part of the journey.

- **Obtaining amazing achievement**: Accepting hurdles as the only way to achieve fantastic achievement. Those willing to tackle challenges head-on persevere in adversity and view barriers as opportunities for greatness. Obstacles become the fuel that pulls them onward, fuels their enthusiasm, and motivates them to exceed their expectations.

Accepting hurdles as the only way forward is a transforming mindset that changes our view on difficulties and adversity. Rather than avoiding or fearing barriers, we recognize them as necessary for achievement. Obstacles are accelerators for growth, resilience, revealing hidden potential, and character development. We can accomplish impressive achievements by reframing challenges, accepting failure, and persevering in adversity. Accept challenges as the only road to greatness and fulfillment since they are the stepping stones that take us there.

EMBRACING A LIFE OF RESILIENCE AND GROWTH

In life, embracing a resilient and growing mindset is critical to navigating challenges, overcoming hurdles, and finding personal fulfillment. We can approach life with empowerment, adaptability, and a dedication to continuous improvement if we recognize that resilience and growth are both attainable and necessary for personal development. This section will discuss the significance of living a resilient and growing life, its transforming power, and the steps we may take to foster these qualities within ourselves.

- **The Ability to Recover from Adversity**: Resilience is the ability to recover from adversity, setbacks, and failures. In adversity, our inner power allows us to endure, persevere, and thrive. When we embrace resilience, we can see setbacks as transitory obstacles rather than insurmountable obstructions. It will enable us to learn from our mistakes, adapt our strategy, and keep moving forward with unyielding conviction.

• **Embracing Growth**: Growth is a continuous process of self-improvement, personal development, and capacity expansion. It entails accepting obstacles, seeking new experiences, and always learning and changing. Embracing progress requires us to venture outside our comfort zones, take risks, and embrace the unknown. Growth allows us to uncover our true potential and seize new chances.

• **The Transformative potential**: Living a resilient and growing life has transformative potential in many areas of our lives:

a. Personal Development: We support personal development in many facets of our lives by embracing resilience and progress. We gain self-awareness, emotional intelligence, and a better grasp of our talents, flaws, and values. We actively seek possibilities for self-improvement, education, and development.

b. Relationships: Accepting resilience and growth benefits our relationships. It enables us to negotiate problems, adjust to changes, and successfully communicate. We gain empathy, compassion, and the ability to assist others on their personal growth journeys. By embracing growth, we develop more profound and meaningful ties with those around us.

c. Professional Success: Professional success requires resilience and progress. They enable us to adapt to an ever-changing work environment, handle career hurdles, and capitalize on possibilities for progress. Embracing resilience allows us to recover from setbacks, learn from failures, and constantly build new skills and expertise.

Developing Resilience and Growth:
a. mentality Shift: Embracing a resilient and growing existence begins with a mentality shift.

It necessitates understanding that challenges are chances for progress, failures are stepping stones toward success, and setbacks are transitory detours on the way to prosperity. Accept the idea that behind every adversity lies a lesson to be learned and an opportunity to grow.

b. Improving Emotional Intelligence: Emotional intelligence is essential for resilience and growth. We better negotiate difficult situations, regulate our emotions, and understand the views of others if we develop self-awareness, self-regulation, and empathy. Emotional intelligence enables us to respond to problems with insight, empathy, and calm.

c. Lifelong Learning: Adopt a philosophy of lifelong learning and progress. Seek new information, skills, and experiences to broaden your horizons. Read books, attend seminars, enroll in classes, and have meaningful conversations. Continuous learning keeps our minds flexible, adaptive, and open to new opportunities.

d. Creating a Supportive Network: Surround yourself with people who boost you up and inspire you. Seek direction, encouragement, and constructive comments from mentors, coaches, or supportive friends. A robust support network may boost your resilience, bring new insights, and provide guidance.

THE POWER OF PERSEVERANCE

Perseverance is the unwavering determination and tenacity to pursue our objectives and dreams in the face of challenges, failures, or hardships. It is the fuel that pulls us ahead in the face of adversity and the fundamental ingredient that distinguishes success from failure. This section will examine the importance of perseverance in achieving success and techniques for cultivating and harnessing this vital quality.

- **Overcoming Difficulties**: Difficulties are an unavoidable part of life's path, and perseverance gives us the mindset and resilience to conquer them. We manage hurdles, discover inventive solutions, and overcome seemingly insurmountable obstacles through tenacity. Rather than being discouraging, setbacks are viewed as chances for growth and learning.

- **Resilience in the Face of Adversity**: Adversity is an unavoidable aspect of any meaningful endeavor. On the other hand, our perseverance permits us to recover from setbacks and disappointments. Perseverance allows us to keep our concentration and commitment despite repeated setbacks. It will enable us to learn from our mistakes, change our methods, and continue with newfound zeal.

- **Long-Term Goal dedication**: Perseverance feeds our commitment to long-term goals. It keeps us focused on the big goal, even when the road is difficult, or progress appears slow. We retain our dedication with tenacity, continually putting in the effort required to achieve our goals. The ability to persevere is what turns wishes into concrete results.

- **Building Resilience and Grit**: Perseverance is essential in developing resilience and grit. We acquire the strength and drive to face future barriers by persevering through challenges. It teaches us to embrace discomfort, push past our comfort zones, and cultivate the tenacity required for extraordinary accomplishment.

- **Using the Growth Mentality to Your Advantage**: Perseverance and a growth mentality go hand in hand. A growth mindset is a concept that our abilities and intelligence can be enhanced through hard work and devotion. Perseverance encourages us to perceive setbacks as chances for learning and growth, which helps us cultivate a growth mentality. It allows us to accept obstacles and believe in our abilities to grow and accomplish.

Perseverance-Building Techniques:

a. A Clear Vision and Purpose: Perseverance is built on a clear vision and a strong feeling of purpose. We generate inspiration and resolve to persevere despite challenges and hurdles by identifying our goals and understanding why they are important to us.

b. Break It Down: Breaking our goals into smaller, more doable tasks helps us sustain momentum and confidence. It permits us to focus on modest progress rather than being overwhelmed by the enormity of the eventual objective.

c. Support Network: Surrounding yourself with a support network of family, friends, mentors, or like-minded people can provide encouragement, direction, and accountability. A robust support network can boost our resilience and inspire us to endure difficult circumstances.

d. Learn from Failure: Rather than becoming disheartened by failure, consider it a stepping stone to success. Learn from your mistakes, examine what went wrong, and make changes to better your strategy. Perseverance entails being willing to adapt, learn, and grow in the face of failures.

e. Self-Care and Resilience: Taking care of ourselves physically, mentally, and emotionally is critical to maintaining the resilience required for perseverance. Exercise, meditation, appropriate rest, and indulging in hobbies that offer joy and rejuvenation should be prioritized as self-care activities.

The importance of persistence cannot be emphasized. It is the driving force that pulls us forward, assists us in overcoming obstacles, and eventually leads to success. Perseverance fosters resilience, fosters a growth mentality, and guarantees that setbacks do not stop us from reaching our objectives. By embracing perseverance, we tap into our inner power, push past barriers, and realize our dreams. Accept the power of perseverance and allow it to guide you toward success and fulfillment.

FINAL THOUGHTS AND REFLECTIONS

As we near the end of our journey through Unleashing Your Inner Warrior, we must reflect on the lessons we've learned and their possible impact on our lives. This book has taken us on a journey of discovery, bringing insights into the philosophy of adversity, resilience, and progress. In this final segment, we will discuss significant insights and provide ideas for further reflection and application in our daily lives.

- **Embrace the Obstacle**: The core idea of this book is that obstacles are not barriers to growth and change but possibilities for growth and transformation. We open ourselves up to outstanding lessons, personal development, and the fulfillment of our true potential by accepting obstacles, failures, and adversity. We can learn to tackle problems with courage, resilience, and a positive mindset rather than avoiding or resenting them.

- **Cultivate Resilience**: Resilience is a critical attribute that enables us to recover from hardship and move forward. We harness the potential to turn setbacks into stepping stones by being resilient. Develop resilience through adopting a growth mindset, learning from mistakes, seeking help, and practicing self-care. Accept the notion that you have the inner strength to overcome every challenge that comes your way.

- **Embrace Stoic Philosophy**: As detailed in this book, the Stoic worldview offers profound knowledge and practical methods for handling life's obstacles. We can create inner calm, resilience, and a sense of purpose by embracing Stoic concepts such as focusing on what we can control, understanding the impermanence of external situations, and choosing our reactions with wisdom and virtue.

- **Change Your Perception**: Our reality is shaped by our perceptions. We can change difficulties into opportunities for growth and self-improvement by changing our viewpoints.

Instead of viewing challenges as burdens, reframe them as opportunities to learn new skills, enhance character, and better understand ourselves and the world around us. Choose to see obstacles as growth catalysts rather than roadblocks to success.

• **Take Action**: In the midst of adversity, taking action is the best way to move forward. We create momentum, achieve progress, and overcome obstacles through activity. Make a habit of taking thoughtful, purposeful movements toward your goals, no matter how tiny. Break down difficult jobs into digestible steps and keep moving forward. Remember that action is an antidote to inaction and a catalyst for change.

• **Accept Growth and Learning**: A resilient and growing existence necessitates dedication to ongoing learning and self-improvement. Accept curiosity, seek out new experiences, and pursue lifelong learning. Accept adversities as chances to improve your knowledge, learn new skills, and enlarge your perspective. Adopt a development mentality, which builds confidence in your potential to learn and progress.

- **Thankfulness Practice**: Develop a mindset of thankfulness and appreciation for the journey, including its ups and downs. Gratitude assists us in being grounded, finding joy in the present moment, and maintaining a good view. Accept that every event, even the most difficult ones, contributes to our progress and teaches significant lessons.

- **Trust the Process**: The road to resilience and progress is not always easy. There will be unexpected twists and turns, times of doubt, and detours. Trust in the process, in yourself, and in the fact that every step you take, even in the face of hardship, will lead you to personal progress and fulfillment.

As we wrap off our look at Unleashing Your Inner Warrior, remember that obstacles are not barriers to success but chances for growth and transformation. We can negotiate life's adversities with courage, grace, and wisdom if we embrace challenges, cultivate resilience, adjust our viewpoints, and take regular action. Let us go on a journey of resilience and growth, where challenges become our most fantastic instructors and catalysts for personal improvement. May this path lead us closer to realizing our full potential and living a life of meaning and fulfillment.

www.ingramcontent.com/pod-product-compliance
Lightning Source LLC
Chambersburg PA
CBHW071453220526
45472CB00003B/783